Walter Buchacher · Judith Kölblinger ·
Helmut Roth · Josef Wimmer

Das Resilienz-Training

Walter Buchacher · Judith Kölblinger ·
Helmut Roth · Josef Wimmer

Das Resilienz-
Training

Für mehr Sinn, Zufriedenheit und
Motivation im Job

Bibliografische Information der Deutschen Nationalbibliothek
Die Deutsche Nationalbibliothek verzeichnet diese Publikation in der Deutschen
Nationalbibliografie; detaillierte bibliografische Daten sind im Internet über
http://dnb.d-nb.de abrufbar.

Aus Gründen der leichteren Lesbarkeit wird auf eine geschlechtsspezifische
Differenzierung verzichtet. Entsprechende Begriffe gelten im Sinne der
Gleichbehandlung für beide Geschlechter.

ISBN 978-3-7093-0560-7
ISBN 978-3-7094-0648-9 (E-Book-PDF)
ISBN 978-3-7094-0650-2 (ePub)

Es wird darauf verwiesen, dass alle Angaben in diesem Werk trotz sorgfältiger Bearbeitung
ohne Gewähr erfolgen und eine Haftung der Autoren oder des Verlages ausgeschlossen ist.

Umschlag: buero8
Satz: Strobl, Satz·Grafik·Design, 2620 Neunkirchen

© LINDE VERLAG Ges.m.b.H., Wien 2015
1210 Wien, Scheydgasse 24, Tel.: 01/24 630
www.lindeverlag.de
www.lindeverlag.at
Druck und Bindung: PBtisk a.s.
Dělostřelecká 344, 261 01 Příbram, Tschechien – www.pbtisk.eu

Inhalt

Vorwort 8
Die sieben Kapitel des Buches im Überblick 10
Einleitung 12

Kapitel 1: Ziele – Sich selbst mit Zielen bei Laune halten   19

Das Haus der Arbeitsfähigkeit 20
Sich selbst und andere mit Zielen führen 22
SMART – So formulieren Sie Ziele, wie Sie Ihr bewusster Verstand mag   24
Nicht schon wieder etwas Neues! 26
Das Tagliamento-Modell 28
Der Weg zum Glück 30
Glück – Henne oder Ei? 32
Dem Glücklichen gehört die Welt! 36
Wann macht Arbeit glücklich? – Ziele zur Steigerung der
Arbeitszufriedenheit 38
Check yourself! – Wann macht mich Arbeit glücklich? 44

Kapitel 2: Auf dem Prüfstand – Und wie steht's um mich?   49

Meine Motivationsbilanz 50
Den beruflichen Beanspruchungen gewachsen? –
Arbeitsbewältigungsfähigkeit 52
Check yourself! – Arbeitsbewältigungsfähigkeit 54
Resilienzcheck – Der Fragebogen 56
Wie resilient sind Sie? Die Auswertung 58
Der Rubikon-Elchtest – Haupthindernis in der Zielrealisierung 60
Zustandsbewertung wichtiger Lebensbereiche 62
Der Riemann-Test 64
Erkenne Dich selbst! – Persönlichkeit im Riemann-Modell 66
Konstruktive Gesprächsstrategien – Wie erreiche ich die
verschiedenen Typen? 70

Kapitel 3: Ausgangspunkt – Von den Defiziten zu den

Ressourcen 73

Stress – Burnout – Krise 74
Der Burnout-Zyklus 76
Burnout: Gegenmaßnahmen, die den jeweiligen Stadien entsprechen . . 78
Stress-Polster 80
Sleep well 82
Wake up! Grübeln verursacht Stress 84
Stress am Arbeitsplatz und was Sie dagegen tun können 86

Rahmenmodell Eigenverantwortung – Führungsverantwortung   88
Zürcher Ressourcen Modell (ZRM)®   90
Das Rubikon-Modell   92
Handlungswirksam formulierte Ziele   94
Methoden aus dem Zürcher Ressourcen Modell® – Bildwahl und
Wunschelemente   96
Methoden aus dem Zürcher Ressourcen Modell® - Der Ressourcenpool   98
Methoden aus dem Zürcher Ressourcenpool – Der Ideenkorb   100
Timeline: Wo stehe ich gerade – Wo will ich hin?   102

Kapitel 4: Der Weg – Wo setze ich am besten an?   105

Oben bleiben – Mit der Delfin-Strategie gegen das Absacken   106
Wie halte ich mich auf Dauer bei Laune und Gesundheit? – Den Zauber
des Anfangs bewahren   108
Veränderungen   110
Zeitfresser und Störenfriede   112
Das Pareto-Prinzip   114
Prioritäten setzen – Die Eisenhower-Methode   116
Der innere Schweinehund – Ein Begleiter auf dem Weg vom Wunsch
zum Ergebnis   118
Smart Work: Erfolge in angemessener Zeit   120
Brain @ Work – Intelligente Arbeitseinteilung: Wie man unter Druck
gelassen bleibt   122

Kapitel 5: Resilienz – Konstruktiv mit Krisen umgehen . .   125

Resilienz – „Seelische Wetterfestigkeit"   126
Die sieben Resilienzfaktoren   128
Achtsamkeit – Selbstwahrnehmung   130
Akzeptanz – Die Realität umarmen   132
Realistischer Optimismus   134
Selbstwirksamkeitsüberzeugung   136
Selbstregulation, Emotionssteuerung, Impulskontrolle   138
Empathische Netzwerkorientierung   140
Zukunftsorientierte Lösungsszenarien   142
AVEM – Verhaltensmuster und Erlebnisqualität im Schnellcheck   144
Die vier Muster von Erleben und Verhalten am Arbeitsplatz   146
Die Siegrist-Waage in Balance halten   148
Salutogenese   150
Flourish – Wie Menschen aufblühen   152
Krank oder glücklich im Beruf – An wem liegt es?   154
Diversity Management zur Resilienzförderung in Organisationen   156
Mischwald statt Monokultur – Wirtschaftlichkeitsbetrachtungen zu
Diversity Management   158
Länger im Beruf – Was ist anders?   160

Kapitel 6: Für Trainerinnen und Trainer – Angebote zum Nachmachen 163

Wähle deine Einstellung – Fish!........................... 164
Das Menschbild von X und Y 166
Problemsprache und Lösungssprache..................... 168
Seminardesign – Konzept für eine dreitägige Veranstaltung 170
Seminardesign – „Kreative Lebensplanung".................... 172
ZRM°-Trainingsablauf 174

Kapitel 7: Für Führungskräfte und Unternehmen – Mit Business-Resilienz für stürmische Zeiten gerüstet.................................... 177

Führung in Balance 178
Grundregeln resilienzorientierter Führung.................... 180
Business-Resilienz 184
Anerkennungsgespräch – Wertschätzung macht die Arbeit schöner! ... 186
Resilienzförderung in Notfallsituationen 188
Wachstumsphasen und Wachstumskrisen einer Organisation 190
Typische Phasen einer Krise............................ 192
Road to Resilience – Von der Macht der kleinen Schritte............ 194
Vier Schritte, um Resilienz aufzubauen 196
Das persolog°-Verhaltensprofil mit den DISG-Verhaltens-
dimensionen....................................... 198
Klassisches Führungsverhalten nach D, I, S und G 200
Persönlichkeit und Führung............................ 202
Zeit- und Selbstmanagement am Arbeitsplatz 204
Freizeitverhalten von D, I, S und G 206
SCARF-Modell 208
Nichts motiviert mehr als der Erfolg! – Das Zweifaktoren-Modell..... 210
Kleine Anleitung zum Herzinfarkt – Wann psychische Belastungen
krank machen 212
Tandem-Coaching................................... 214
Archetypisches Lebenspanorama 216
Ein neues Team übernehmen........................... 222
Emotionen kontrollieren – Wer Menschen führen will, muss seine
Gefühle im Griff haben 224
Kick off – Leinen los und Start in die Umsetzung! 226

Literaturverzeichnis 228
Stichwortverzeichnis 234

Inhalt

Vorwort

Dieses Buch soll Ihnen ein „Guide" sein, um die eigene Arbeit als wertvollen Bestandteil des Daseins zu erleben. Es geht um lebenswerte Arbeit, die gut bewältigt werden kann und einen hohen Anteil an Zufriedenheit aufweist.

Das Buch eignet sich auch für den Eigengebrauch. Ansprechen wollen wir aber vor allem Multiplikatorinnen und Multiplikatoren. Das sind Menschen, die im Training, Coaching, als Personalverantwortliche oder Führungskräfte arbeiten. Wir geben Ihnen einen Schatz in die Hand, den wir in vielen Seminaren entwickelt haben, der wissenschaftlich fundiert ist und den Praxistest viele Male erfolgreich bestanden hat.

Mithilfe gut fassbarer Erklärungsmuster und vieler praktischer Übungen leiten wir unsere Teilnehmenden an, innezuhalten und sich eine überblicksartige Perspektive auf die eigene Arbeit zu gönnen. Im Austausch mit anderen wird die Freude über Gelungenes geteilt, und es wächst die Zuversicht, dass manches einfacher, ergiebiger, interessanter, kooperativer und glücklicher getan werden kann. Die Teilnehmenden sind hoch zufrieden, sie erfahren einen starken Motivationsschub und fühlen sich für das Gelingen ihres Arbeitslebens nun viel stärker selbst zuständig.

Wir wünschen Ihnen, dass die euphorische und zuversichtliche Stimmung, die wir aus unseren Seminaren mit Menschen aus verschiedenen Berufsgruppen kennen, für Sie durch das Buch lebendig wird.

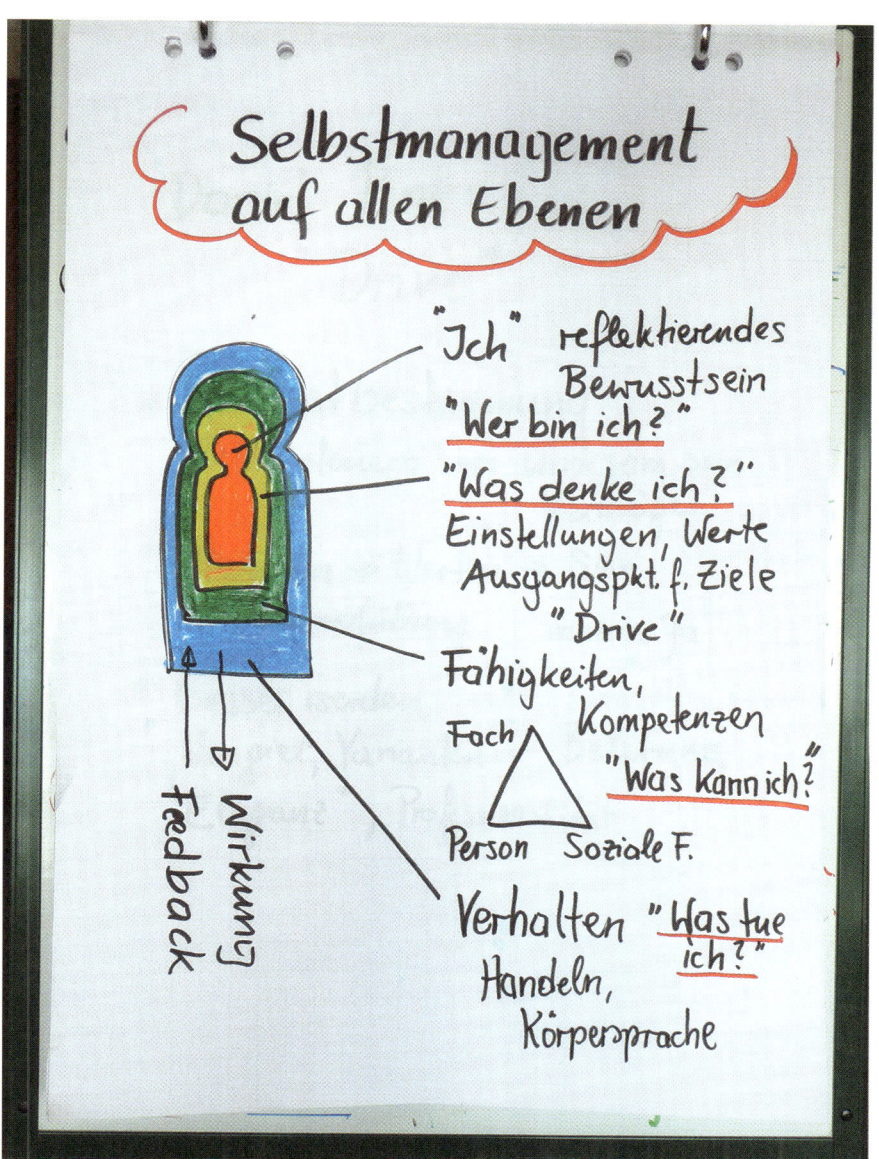

Abb. 1 Arbeit erleben auf verschiedenen Ebenen

Die sieben Kapitel des Buches im Überblick

1. Ziele – Sich selbst mit Zielen bei Laune halten

Wie möchte ich arbeiten? Was kann ich beitragen, dass meine Arbeit gut zu schaffen ist, trotzdem auch als herausfordernd, als sinnvoll erlebt wird und viele Momente von Erfolg, Motivation, Glück und Zufriedenheit enthält? An dieser Stelle nutzen wir Erklärungsmodelle der Motivationspsychologie und das „Haus der Arbeitszufriedenheit" aus der Arbeitsforschung.

2. Auf dem Prüfstand – Und wie steht's um mich?

Woran lassen sich Motivation, Glück und Zufriedenheit in der Arbeit erkennen und messen? Wie werden Wünsche in Ziele gefasst, formuliert und überprüft? Die Orientierung an den Life Skills der Weltgesundheitsorganisation WHO und den Faktoren von Resilienz bringen Struktur in die Darstellung, Checklisten und Einschätzskalen helfen bei der persönlichen Verortung.

3. Ausgangspunkt – Von den Defiziten zu den Ressourcen

Wie ist meine Ausgangssituation? Eine systematische Zustandserhebung mittels Fragebögen gibt Auskunft. Wie weit ist der Weg vom Start bis ins Ziel? Liegt er innerhalb meiner Möglichkeiten? Das Rahmenmodell (meiner Möglichkeiten), die Selbstwertanalyse, ein sehr praktikables Ressourcenmodell und der Burnout-Zyklus kommen zum Einsatz.

4. Der Weg – Wo setze ich am besten an?

Wo setze ich am besten an – bei meiner Umgebung, meinem Verhalten, meinen Fähigkeiten oder meinen Einstellungen? Und welche Wege passen von meinem Persönlichkeitstyp her zu mir? Hier tut sich eine wahre Fundgrube an Einsichten und Werkzeugen im Bereich Selbstmanagement auf. Was davon am besten zu mir passt, wird mit Hilfe eines Persönlichkeitsmodells herausgefunden.

5. Resilienz – Konstruktiv mit Krisen umgehen

Müssen bzw. dürfen alle länger arbeiten? Was ändert sich, wenn man länger im Beruf steht? Woher nehme ich die Spannkraft, um länger beruflich bei

Laune zu bleiben? Dieses Kapitel liefert Wissenswertes aus der Arbeitsforschung und der Resilienzforschung.

6. Für Trainerinnen und Trainer – Angebote zum Nachmachen

Mit welchen Voraussetzungen und Erwartungen kommen länger im Beruf Stehende in mein Coaching oder Seminar? In diesem Kapitel plaudern wir gerne aus der Schule und stellen Seminardidaktik und bewährte Seminardesigns zur Verfügung.

7. Für Führungskräfte und Unternehmen – Mit Business-Resilienz für stürmische Zeiten gerüstet

Wie ist das Zusammenspiel von Mitarbeitern, Vorgesetzten und Arbeitsbedingungen zu gestalten, wenn sowohl gute Betriebsergebnisse als auch eine hohe Arbeitszufriedenheit erreicht werden sollen? Welchen Beitrag können bzw. müssen die Führungskräfte zu Arbeitsfähigkeit, Motivation und Arbeitszufriedenheit leisten? Coaching durch Führungskräfte, der Work-Ability-Index (WAI), generationengerechte Arbeitsbedingungen und Spannkraft für den gesamten Betrieb (Business-Resilienz) sind dabei zentrale Themen im Personalmanagement.

Ein motivierender Kick-off zum Schluss sowie ein Literatur- und Stichwortverzeichnis machen das Buch komplett.

Einleitung

Unsere Arbeit ist ein wichtiger Mosaikstein unseres Lebensglücks. Aber wann macht Arbeit glücklich und zufrieden?

Fast die Hälfte der arbeitenden Bevölkerung zählt sich bereits zu den Hochzufriedenen. Sie sind im Beruf glücklich, egal, ob sie Vollzeit oder Teilzeit arbeiten, abhängig beschäftigt oder selbstständig sind. Das Roman-Herzog-Institut trifft diese Aussage für Deutschland. Im überschaubaren Rahmen unserer Seminare zum Selbstmanagement am Arbeitsplatz sehen wir sie jedoch bestätigt.

Ein Beispiel: Eine aktivierende Übung des assoziativen Schreibens mit dem Titel „Ideen im Gehen" im Rahmen eines unserer Seminare. Beim Herumgehen schreiben die Teilnehmer ihre Gedanken in Schlagworten zu den Themen „Arbeit und Leben ab 50 Jahren" auf bunte Zettelchen und lassen diese zu einem „Blätterwald" auf den Boden fallen. In einem anschließenden Kleingruppengespräch werden die Begriffe nach positiven und negativen Aspekten in Bezug auf Arbeit und Leben geordnet. Das Ergebnis ist jedes Mal verblüffend: Die positiven Perspektiven überwiegen bei Weitem.

Wie entstehen nun Augenblicke des Glücks und das längerfristig anhaltende Gefühl der Zufriedenheit im Beruf?

„Glück erlebt man in Momenten, in denen sich die Aufmerksamkeit auf etwas Angenehmes richtet", sagt der Wirtschaftsnobelpreisträger Daniel Kahneman. Das heißt, Glück und Zufriedenheit haben zu tun

→ mit einer gedanklichen Wachheit, mit der wir die Personen und Dinge um uns herum wahrnehmen und die uns hilft, Zustände zu verstehen.

→ mit (positiven) Erwartungen zum Verlauf und Ergebnis der täglichen größeren und kleineren Vorhaben. Ziele, das eigene Wollen und die Kooperation entscheiden – „Man muss etwas wollen, damit etwas wird!"

→ mit Konzentration und dem Einsatz von Energie, denn daraus entstehen Erfolge. Wer sich über Erfolge freuen kann, erlebt Glück und Zufriedenheit. Wenn zusätzlich die Führungskräfte die Erfolge wertschätzen, steigert das die Zufriedenheit um das Dreifache.

Abb. 2 Ideen im Gehen

→ mit Innehalten und Vergewissern, dass ich richtig unterwegs bin. Wie beim Reisen, Wandern oder Segeln ist auch hier wichtig, von Zeit zu Zeit den Standort zu bestimmen, um die weitere Ausrichtung festzulegen. Dabei steigert man seine Fähigkeit, die Steuerung des eigenen Lebens, die Gestaltung des Arbeitsplatzes und die eigene Entwicklung selbst in die Hand zu nehmen.

Dieses Buch ist eine Anleitung zum Innehalten, zur Standortbestimmung und neuen Ausrichtung im Beruf und am Arbeitsplatz. Ein passendes Motto dafür ist: „Gerade wenn du es eilig hast, gehe einmal langsam!"

Das führt zu einer Besinnung und Konzentration auf das Wesentliche – auf Prioritäten, Prinzipien, Werte, Änderungsbedarfe, Realismus in Bezug auf die eigenen Ansprüche, Vereinfachungen und die Balance der Energieressourcen. Wenn Berufstätige eine Bilanz über ihren Einsatz von Zeit und Energie erstellen, bekommt meist die Ecke „Arbeit" den allergrößten Teil. Bleiben die drei anderen Ecken – Familie/Kontakte, Gesundheit/Körper und Kultur/Sinn – auf Dauer unterversorgt, so beginnt der Mensch zu leiden. Er ist erschöpft und wird krank (Nossrat Peseschkian, 1993).

Wenn sich die Verteilung der Zeit nicht wesentlich ändern lässt und dem Faktor Arbeit weiterhin 50 Prozent und mehr überlassen werden müssen, was tun? Dann lässt sich zumindest die Energie umverteilen mit der Zielrichtung: Wie gebe ich der Arbeit mehr Leben? Dieser Zugang ist relativ unabhängig vom Arbeitsplatz. Denn es kommt nicht so sehr darauf an, was jemand macht, sondern wie jemand arbeitet.

Die Wissenschaft gibt weitgehend einheitliche Antworten auf die Frage, auf welche Weise mehr Leben in die Arbeit gebracht werden kann. Daniel H. Pink nennt in seinem Buch „Drive: Was Sie wirklich motiviert" drei Faktoren für erfüllende Arbeit: Selbstbestimmung, Perfektionierung und Sinnerfüllung.

Harvard-Professor Howard Gardner forscht seit 1995 über „Good Work". Seine Ergebnisse aus Langzeitstudien fasst er auch in drei Faktoren. Es sind die drei „E's": Exzellenz, Ethik und Engagement.

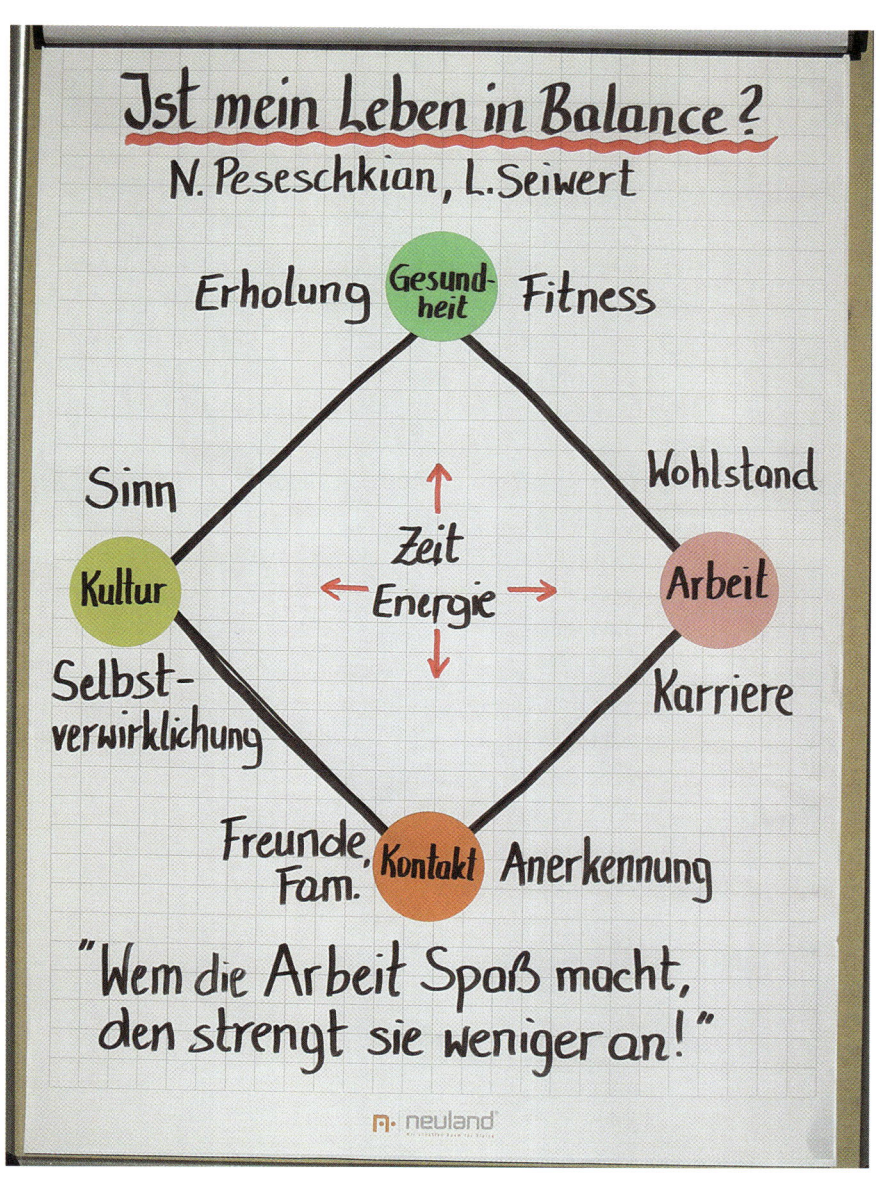

Abb. 3 Ist mein Leben in Balance?

Exzellenz bedeutet, kompetent und effektiv zu sein, laufend besser zu werden, selbstsicher und stolz auf die eigene Leistung. Ethik bezieht sich auf die soziale Verantwortung und die Auswirkungen des eigenen Tuns auf andere. Handle ich so, wie es meinen Werten entspricht, entsteht für mich Sinn (Viktor Frankl). Engagement wiederum lässt sich wie ein Kreis beschreiben. Er besteht aus erstrebenswerten Zielen und selbstbestimmtem Einsatz. Phasenweise wird Engagement von Flow-Erlebnissen begleitet, in denen man in der Arbeit förmlich aufgeht. Kommen dazu noch gelungene Kooperation mit anderen und eine zuversichtliche Einstellung, ist der Weg frei für Erfolgserlebnisse, Freude und Motivation.

Exzellenz, Ethik und Engagement führen zu Zufriedenheit in der Arbeit und nähren darüber hinaus den Bereich „Sinn", führen zu gehaltvolleren Kontakten im Beruf und außerhalb und stärken über einen guten Selbstwert die mentale und körperliche Gesundheit.

Glück und Zufriedenheit im Beruf entstehen nicht, wenn man etwas nur vermeidet, Belastungen und Stress aus dem Weg geht, die Dinge abarbeitet wie im Hamsterrad, im Sinne der Devise „Augen zu und durch", lediglich stets auf den Feierabend wartet oder die möglichst baldige Pensionierung. Das Erledigen oder „Etwas-hinter-sich-Bringen" ist gedanklich ein „Weg von dem Unangenehmen". Das bringt bestenfalls Erleichterung. All die positiven Faktoren, die letztlich Zufriedenheit ausmachen, kann sich jemand in der Arbeit nur holen, wenn es gedanklich eine Bewegung „hin zu etwas" gibt, wenn etwas angestrebt und gewollt wird.

Erst ein Ziel macht die Menschen lebendig.

Und wer sich für wertvolle und erreichbare Ziele anstrengt, wird mit Glücksgefühlen, Freude und Motivation belohnt.

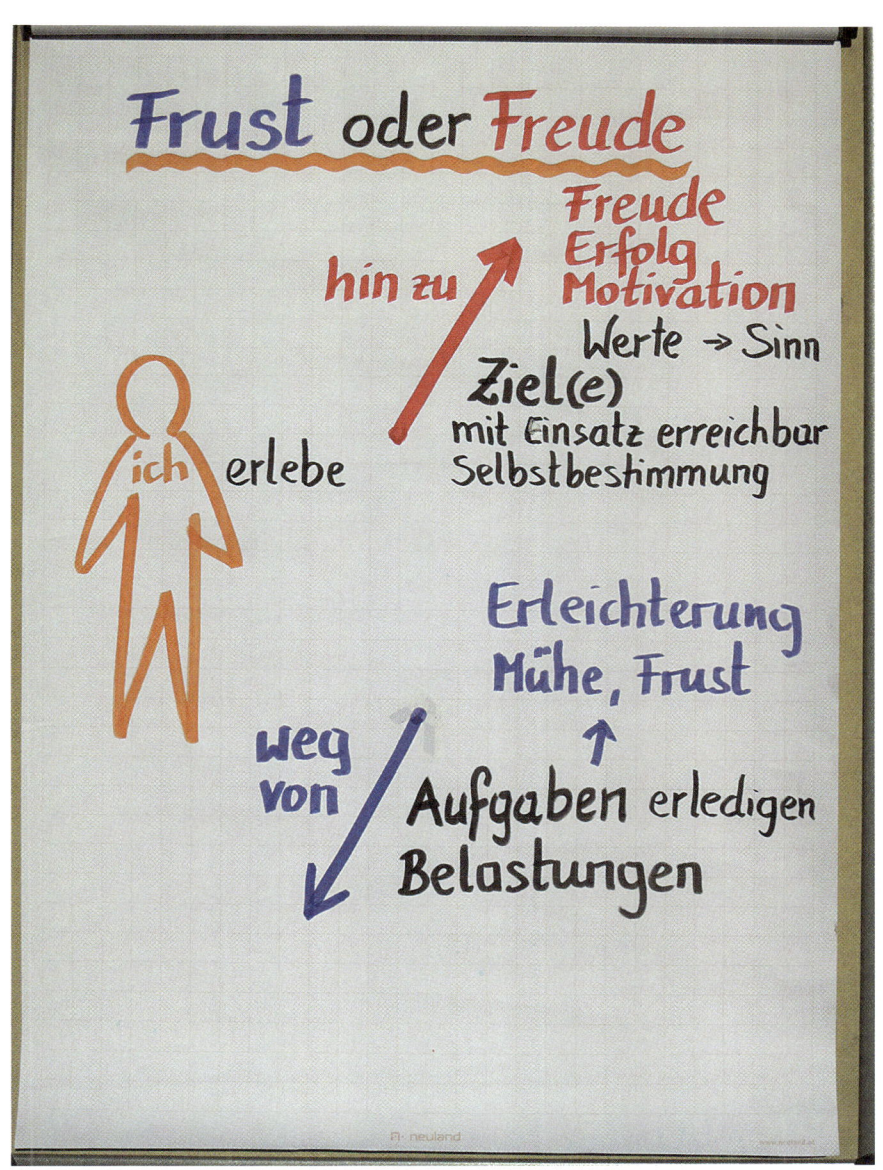

Abb. 4 Frust oder Freude

Kapitel 1

Ziele – Sich selbst mit Zielen bei Laune halten

Wer sich ein herausforderndes Ziel setzt und es konsequent verfolgt, wird bei Erreichen des Ziels durch das gute Gefühl belohnt, das mit Erfolg einhergeht. Sich etwas vornehmen, sich anstrengen, das Angestrebte erreichen und sich freuen – in dieser Abfolge liegt das Geheimnis der motivationalen Wirkung der Arbeit mit Zielen. Und wer nach seinen inneren Einstellungen und Werten handeln darf, erlebt seine Tätigkeit als sinnvoll. Mit Erfolg und Sinn entstehen Zufriedenheit und Glück.

Das Haus der Arbeitsfähigkeit

Wer arbeiten will, kann und auch Arbeit hat, muss dazu auch fähig sein. Das ist die Voraussetzung. Arbeitsfähigkeit bedeutet eine gute Balance zwischen dem, was die Arbeit fordert, und dem, was der Mensch individuell an Ressourcen mitbringt.

Die Stockwerke des „Hauses der Arbeitsfähigkeit" bilden die Haupteinflussfaktoren auf die Arbeitsfähigkeit ab. Ob Arbeit zur Zufriedenheit erledigt wird, hängt nie allein von dem Mitarbeiter oder ausschließlich von den Bedingungen der Arbeit und der Arbeitsumgebung ab.

Die vier Stockwerke des „Hauses der Arbeitsfähigkeit":

Gesundheit

Gesundheit hat eine unmittelbare Auswirkung auf die Arbeitsfähigkeit. Ohne die psychische und physische Gesundheit als stabile Grundfeste ist eine gute Arbeitsleistung nicht möglich.

Kompetenz, Qualifikation, Wissen

Hier ist alles beheimatet, mit dem man den sich ständig verändernden Herausforderungen des Arbeitsumfeldes begegnen und sie bewältigen kann. Nur durch lebenslanges Lernen kann das Individuum mit der rasanten Entwicklung Schritt halten.

Werte, Einstellungen, Motive

Wer auf Dauer einer Arbeit nachgehen kann, die den eigenen Werten und Einstellungen entspricht, wird in der Arbeit Sinn finden. Wo die Unternehmenswerte mit den eigenen Werten nicht weitgehend übereinstimmend sind, entsteht eine Sinnkrise – eine Autobahn in die Arbeitsunfähigkeit. Bei aller Selbstverantwortung des Individuums darf der Arbeitgeber nicht aus seiner Verantwortung entlassen werden.

Arbeit

In diesem Stockwerk befindet sich die Arbeit selbst: Inhalt und Anforderungen, Organisation, Umgebung, soziales Umfeld und die unmittelbaren Führungskräfte. In diesem Stockwerk tragen die Vorgesetzten große Verantwortung, sind sie es doch, die in ihrer Position viel zur guten Arbeitsgestaltung beitragen können.

Quelle: Tempel/Ilmarinen (2013)

Abb. 5 Arbeitsfähigkeit

Sich selbst und andere mit Zielen führen

● ●

„Wer nicht weiß, wohin er will, darf sich nicht wundern, wenn er ganz woanders ankommt!" (Mark Twain)

● ●

Es ist hin und wieder ein Genuss, sich treiben zu lassen, einfach zu schauen, was der Tag bringt, zu träumen, die Seele baumeln zu lassen. Wer allerdings sein privates oder berufliches Leben auf Dauer auf diese Weise gestaltet, wird eher zufällig irgendwo ankommen. Um dann – im besten Fall – zu sagen: Da wollte ich ohnehin hin! Es scheint so zu sein, dass viele Menschen für die Planung eines Urlaubs mehr Zeit aufwenden als für die Planung ihres Lebens.

Durch die Entwicklung und Verfolgung konkreter Ziele führen Sie sich selber zu mehr Sinn, Zufriedenheit und Motivation im Job:

Sie entwerfen ein Bild von sich, von der gelungenen Lösung einer anstehenden Aufgabe, der Entwicklung in einem bestimmten Aspekt Ihrer beruflichen Tätigkeit, Ihrer Partnerschaft oder gleich Ihres Lebens. Dieses Bild sollte attraktiv sein und echte Zugkraft haben. Und es sollte Ihrer Werthaltung entsprechen.

Die Arbeit mit Zielen bringt viele Vorteile

➜ Ziele schaffen Klarheit und geben Orientierung.
➜ Ziele ermöglichen Ihnen, Ihr Handeln auf das Ziel hin zu planen.
➜ Ziele bündeln Ihre Aufmerksamkeit und Wahrnehmung.
➜ Zielerreichung schafft Erfolgserlebnisse.
➜ Erfolg ermöglicht die Entwicklung von Selbstbewusstsein und Selbstwert.
➜ Erfolg und Selbstbewusstsein schaffen Energie und Motivation für neue Ziele.
➜ Ziele definieren Zuständigkeiten und Verantwortungsbereiche.

Dieser Ablauf entspricht dem Grundbedürfnis des Menschen nach Orientierung, Sicherheit und Leistung.

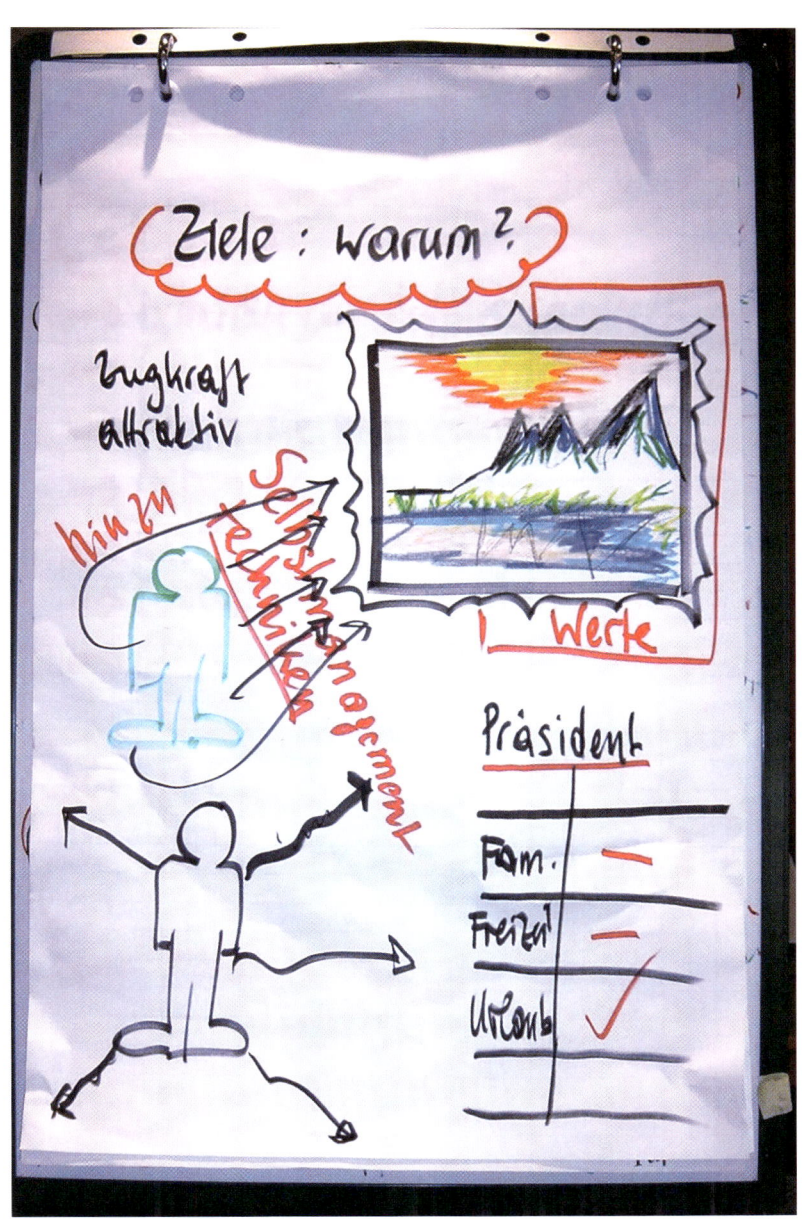

Abb. 6 Ziele

SMART - So formulieren Sie Ziele, wie Sie Ihr bewusster Verstand mag

Silvestervorsätze bleiben oft fromme Wünsche. Berufliche Ziele hingegen werden von Führungskräften mit ihren Mitarbeitern entwickelt, abgestimmt und schriftlich festgehalten. Dadurch haben diese Vorhaben auch einen hohen Verbindlichkeitsgrad.

Nachvollziehbare Ziele sollten wenigstens den fünf „SMART"-Kriterien genügen:

→ **S – Spezifisch.** Ziele sollen konkret, eindeutig und präzise formuliert sein und zu Situation und Person passen. „Ich werde gesünder leben!" ist dehnbar. Was konkret werden Sie tun?

→ **M – Messbar.** Sinnvoll ist es, Kriterien zu formulieren, an denen überprüft werden kann, wann ein Ziel erreicht ist. Absatzmengen, Qualitätsgrade, Produktivitätszahlen bis hin zur Kiloanzahl, die Sie sich vorgenommen haben, abzunehmen. „Wir verdoppeln unsere Produktion auf 4000 Stück." oder „Ich nehme 5 kg ab, dann wiege ich 73 kg."

→ **A – Aktivitätsorientiert.** Verwenden Sie positive „Hin zu"- statt „Weg von"-Formulierungen. Das sind Beschreibungen dessen, was Sie oder Ihr Mitarbeiter künftig tun werden, also eine Operationalisierung des geplanten Verhaltens. Verzichten Sie auf das, was nicht mehr getan werden soll. „Im April trinke ich nur Wasser und Fruchtsäfte!" ist verbindlicher als „Ich trinke keinen Wein mehr."

→ **R – Realistisch.** Ziele sollen zwar herausfordernd sein, aber sie müssen nach vernünftiger Einschätzung auch erreichbar sein. Der Satz: „Wenn ich mich anstrenge, dann schaff ich's!", sollte immer Gültigkeit haben.

→ **T – Terminierbar.** Auch der Zeitbedarf sollte realistisch eingeschätzt werden. Jede Zielvorgabe und -vereinbarung endet zu einem festgelegten Zeitpunkt. „Wie viele Kilo werden Sie bis Ende nächsten Monats verloren haben?"

Abb. 7 Smart

Nicht schon wieder etwas Neues!

• •

„Ein Pfeil, der nicht mehr steigt, sinkt." (Paul Klee)

• •

Ziele erarbeiten und setzen heißt nicht, immer nur mehr oder etwas Neues von sich oder Mitarbeitern zu verlangen. Das Gute bewahren, Veränderungen herbeiführen und Neuerungen implementieren sind verschiedene Zielkategorien.

Erhaltungsziele

Sie erbringen eine wirklich gute Leistung, an der es nichts auszusetzen gibt. Sie sind gesund und tatkräftig. Solche Menschen sind das stabile Rückgrat in Beziehungen und Unternehmen. Die entscheidende Frage für Sie lautet: Was ist die Ursache des Erfolgs in der Vergangenheit und was wollen Sie tun, um diese gute Leistung auch in Zukunft erbringen zu können? Das zentrale Steuerungsinstrument ist hier die persönliche Weiterentwicklung: Was muss ich heute lernen, damit ich mittelfristig eine gleichbleibend gute Leistung erbringen kann? Wie kann ich mein Leben in Balance halten, damit ich gesund bleibe? Was kann ich heute tun, damit meine Beziehung morgen noch trägt? Wichtig: Leben Sie nicht nur von Ihrer Substanz, führen Sie sich ausreichend Energie zu!

Veränderungs- oder Verbesserungsziele

Der Druck aus bereits entstandenen Defiziten und die Erwartungen von „außen" führen in dieser Zielkategorie zur Frage: „Was konkret werde oder muss ich verändern, um besser zu werden?" Verändern Sie so viel, wie nötig, um wieder gute Leistungen zu erbringen.

Innovationsziele

Ihre Frage lautet: In welchem Lebens- oder Arbeitsbereich könnte ich etwas Ungewöhnliches, Neues ausprobieren? Bei den Innovationszielen gilt: Weniger ist mehr! Innovationsziele sind Motivation pur.

Unterscheiden Sie die drei Zielhierarchien bewusst und fördern Sie so Sinn, Zufriedenheit und Motivation im Job.

Quelle: Zeyringer (2003)

Abb. 8 Ziele-Hierarchie

Das Tagliamento-Modell

Dieses Bild ist auf einer unserer zahlreichen Fahrten entlang des Tagliamento zu den Coaching-Seminaren in Tissano/Udine entstanden. Es zeigt die zwei Grunddimensionen von Zielen:

→ Ich möchte den Fluss überqueren. Wenn ich am anderen Ufer angekommen bin, habe ich mein Ziel erreicht. Der Endzustand ist feststellbar, ein Ergebnis liegt vor.

→ Ich kann selbst viel dazu beitragen, um an das gegenüberliegende Ufer zu gelangen. Ich kann eine geeignete Stelle suchen, ich kann nacheinander einzelne Steine ins Bachbett legen. Ich muss also Aktivitäten entwickeln, um drüben anzukommen. Garantie auf das Gelingen habe ich trotzdem keine, aber ich habe getan, was ich tun konnte.

In diesem Bild zeigen sich die Wesensmerkmale von

→ Ergebniszielen und
→ Aktivitätszielen.

Ergebnisziele sind eine Einheit, etwas Ganzes, am anderen Ufer ankommen: die Prüfung bestehen, das Rennen gewinnen – man kann nicht ein bisschen gewinnen oder die Prüfung ein bisschen bestehen. Allerdings ist die Erreichung der Ergebnisziele nicht nur von uns selbst abhängig: Konkurrenz, Prüfungskommission, Wetter sind unwägbare Einflussfaktoren von außen.

Aktivitätsziele hingegen liegen ausschließlich in meiner eigenen Verantwortung. Wer eine Prüfung bestehen will, muss z.B. täglich zwei Stunden lernen, das Skriptum aus der Vorlesung wiederholen, das Wochenende über zu Hause bleiben oder täglich mindestens sieben Stunden schlafen.

Tipp: Zerlegen Sie Ihre Ergebnisziele in ausreichend viele Aktivitätsziele und arbeiten Sie diese Schritt für Schritt ab. So werden Sie durch viele kleinere Erfolge bei Laune gehalten, das größere Ergebnisziel zu erreichen.

Quelle: Zeyringer (2006)

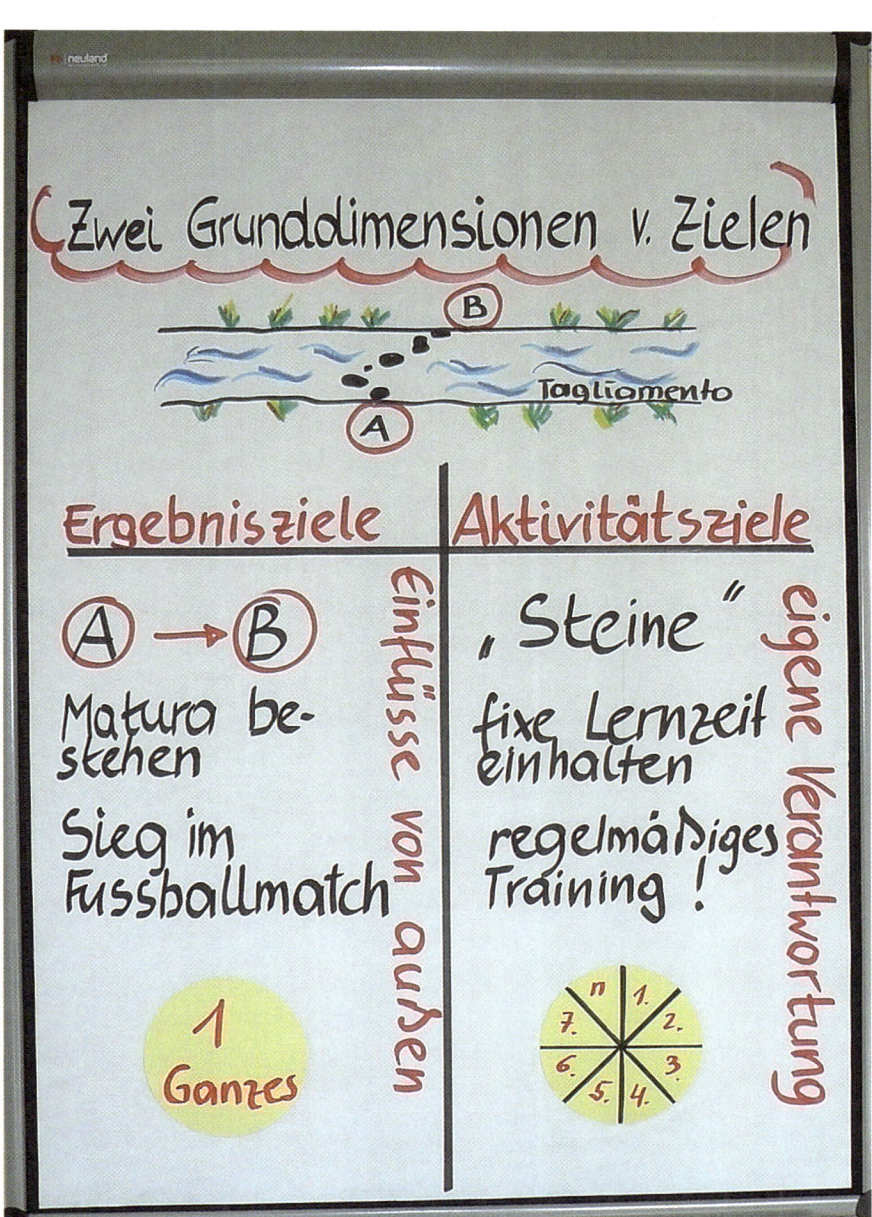

Abb. 9 Zwei Grunddimensionen von Zielen

Der Weg zum Glück

„Erst ein Ziel macht den Menschen lebendig." (Michael Horatczuk)

Wer sich entschlossen hat, mit Zielen zu arbeiten, hat den entscheidenden Schritt zu mehr Arbeitszufriedenheit und effektiverer Arbeitsbewältigung gesetzt. Wer sich ein herausforderndes Ziel setzt und es konsequent verfolgt, wird durch das Gefühl belohnt, erfolgreich zu sein.

Warum aber strengt sich jemand an? Warum quält sich ein Triathlon-Athlet über die Distanzen? Warum dient jemand freiwillig bei der Feuerwehr oder Rettung? Warum müht sich jemand Abend für Abend im Sprachkurs mit Italienisch? Warum geht jemand in der Firma ganz in einem Projekt auf?

Weil es ihm wichtig ist, weil es ihm etwas wert ist!

Menschen, die in den wesentlichen Dingen des Lebens und der Arbeit so handeln dürfen, wie es ihnen richtig erscheint, wie es ihren Werten entspricht, erleben Sinn. (Viktor Frankl) Das ist ein lust- und freudvolles Erlebnis. Dafür nehmen sie oft freiwillig viel Mühe und Plage auf sich.

Sicher haben auch Sie schon erlebt, dass Sie sich etwas vorgenommen (= Ziel) und es doch nicht erreicht haben. Hier zeigt sich der Zusammenhang von Werten und Zielen: Denn nur Ziele, die in der eigenen Wertelandschaft ausreichend abgesichert sind, werden mit der nötigen Energie verfolgt oder im Falle des Scheiterns werden weitere Versuche unternommen.

Ziele gewinnen ihre Kraft durch die dahinterstehenden Werte.

Wer ein Ziel erreicht, hat Erfolg.

Wer seinen Werten gemäß handeln kann, erlebt Sinn.

Wer Erfolg und Sinn erlebt, erfährt das tragende Gefühl von Zufriedenheit und Glück.

Dieser lustvolle Gefühlscocktail ist der beste Treibstoff für den Motivationsmotor.

Abb. 10 Der Weg zum Glück

Glück - Henne oder Ei?

Haben glückliche Menschen tolle Jobs oder machen tolle Jobs glücklicher? Sind Menschen in Partnerschaften glücklicher oder finden glückliche Menschen leichter einen Partner? Sind glückliche Menschen kreativer, engagierter und optimistischer oder sind engagierte, kreative und optimistische Menschen glücklicher? Sind glückliche Menschen gesünder oder sind gesunde Menschen glücklicher? Sind Selbstständige trotz härterer Arbeit und geringerem Einkommen glücklicher oder sind glückliche Menschen eher selbstständig?

Was ist Glück überhaupt? Jedenfalls etwas so Wichtiges, dass das Recht auf „Streben nach Glück" sogar in der amerikanischen Verfassung verankert ist, der Staat Bhutan das „Bruttosozialglück" als wirtschaftliche Kennzahl eingeführt hat und der „Happy Planet Index" HPI berechnet wird.

Glück als Glückseligkeit ist meist ein kurz anhaltendes Gefühl, während wir bei einer länger anhaltenden Befindlichkeit von Zufriedenheit, Wohlbefinden oder „gutem Leben" reden.

Glück ist nicht einfach gegeben, Lebenszufriedenheit nicht objektivierbar. Glück wird meist durch einen Vergleich mit relevanten Vergleichsgruppen subjektiv konstruiert.

Neben der genetischen Ausstattung sind Alter, Familienstatus, Gesundheit, Ausbildung, Mitbestimmungsmöglichkeiten und vor allem auch wirtschaftliche Faktoren wie Arbeit, Einkommen und Einkommensverteilung Einflussgrößen auf das individuelle Wohlbefinden.

Wir sind der Überzeugung, dass man das Glück von außen beeinflussen kann: Wenn ich im Unternehmen zufriedene (nicht satte) Mitarbeiter habe, bringen sie bessere Leistung, sind kreativer, optimistischer und gesünder.

Abb. 11 Glück – Henne oder Ei

Welchen Beitrag kann nun Arbeit zu einem guten Leben, zu Lebenszufriedenheit leisten?

Folgende Faktoren haben sich als wesentlich herausgestellt, die auch durch den interessanten Umkehrschluss aus der oft bestätigten Forschung von Marie Jahoda und Paul Lazarsfeld über die Auswirkung von Arbeitslosigkeit zu erschließen sind:

→ Materielle Sicherheit
→ Strukturierung des Alltags
→ Zugehörigkeit und soziale Verbundenheit
→ Möglichkeit, Leistung zu erbringen und Ziele zu erreichen
→ Möglichkeit, Potenziale zu entfalten
→ Weiterentwicklung
→ Anerkennung und Akzeptanz

Wer ist also verantwortlich dafür, dass Mitarbeitende „glücklich" sind? Zum einen sind es die Führungskräfte, die für die Rahmenbedingungen und die Unternehmenskultur sorgen müssen, sodass die Mitarbeiter gerne zur Arbeit gehen und für das brennen, was sie begeistert – statt auszubrennen.

Den anderen Teil der Verantwortung für das Gelingen von Arbeit haben allerdings die Beschäftigten selbst, indem sie sich um ihre Einstellung, Gesundheit und ihre personale, soziale und berufliche Kompetenz kümmern. Dafür werden die entscheidenden Grundlagen in den Jahren des Heranwachsens gelegt.

Quelle: Jahoda/Lazarsfeld (1960)

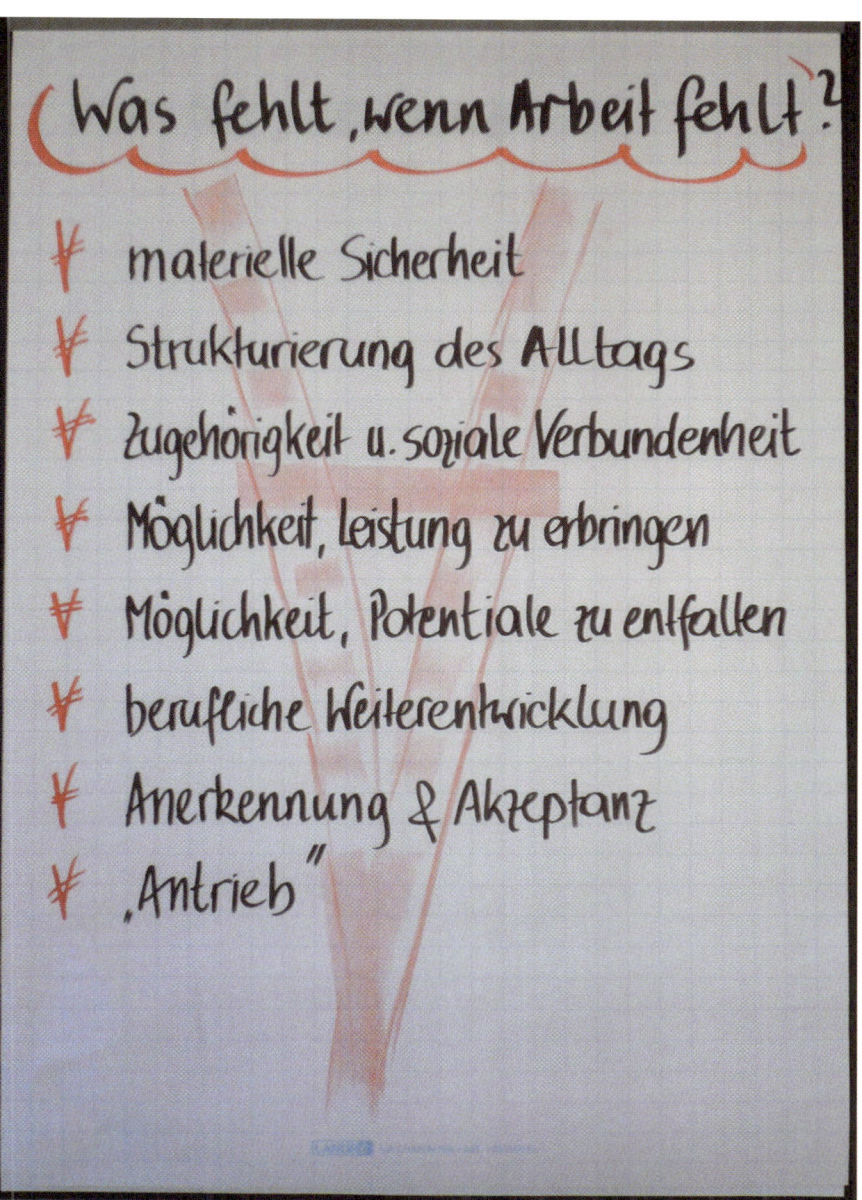

Abb. 12 Was fehlt, wenn Arbeit fehlt?

Dem Glücklichen gehört die Welt!

Man kann zwar das Glück nicht erzwingen, aber man kann es dem Glück leichter machen, sich einzustellen. Allerdings muss man wissen, was einen glücklich macht, damit man glücklich wird. Nicht, dass alle Wünsche in Erfüllung gehen, ist das Entscheidende, sondern dass man sich das Richtige wünscht.

Es gibt verschiedene Arten von Glück – hier eine Auswahl:

Das **Zufallsglück** – jenes unverdiente, geschenkhafte Glück, das einem einfach zufällt: Sie sind in eine wohlhabende, sichere Gesellschaft hineingeboren, können Wasser aus dem Hahn trinken, Sie haben gerade Glieder, Ihre Kinder sind wohlgeraten. Zu diesem Glück können Sie durch Dankbarkeit beitragen.

Das **Anstrengungsglück** – jener Glückszustand, der sich einstellt, wenn nach dem Einsatz, der Mühe und der Anstrengung ein Ziel erreicht wird, eine Arbeit geschafft, eine Hürde genommen ist. Das Ziel muss jedoch die Anstrengung wert sein. Für die meisten Menschen ist das die Quelle von Sinn, Zufriedenheit und Motivation.

Das **Redlichkeitsglück** – tue richtige Dinge und tue wichtige Dinge. Handle so, dass Du zu dem, was Du tust, stehen kannst und für andere Vorbild bist. Befreien Sie sich von belastenden und unwürdigen Versteckspielen.

Das **Wohlfühlglück** – aufgehoben sein, geliebt und akzeptiert werden, es sich gutgehen lassen: Dieses Glück füllt die Akkus und hält bei Laune. Fehlt dieser Faktor zur Gänze, brennen Menschen aus. Fragen Sie sich möglichst oft, was Sie zum Wohlfühlglück Ihrer Mitmenschen beitragen – Sie bekommen ganz viel zurück.

Machen Sie sich regelmäßig und systematisch bewusst, für welche großen, aber gerade auch kleinen Dinge im Leben Sie dankbar sein können.

Quelle: Sedmak (2006)

Abb. 13 Kleeblatt

Wann macht Arbeit glücklich? – Ziele zur Steigerung der Arbeitszufriedenheit

Die wenigsten Menschen haben jemals wirklich darüber nachgedacht, wie sie eigentlich arbeiten. Diesen riesigen Teil unseres Lebens führen wir gewohnheitsmäßig aus, strampeln durch die Arbeitstage und nehmen selten die Lupe zur Hand, um einmal genauer hinzuschauen und Fragen zu stellen. Meist wird die Arbeit zum Thema, wenn es Probleme gibt: Ich werde in der vorgeschriebenen Zeit nicht fertig, werde von Mails überflutet, Unerledigtes staut sich, To-do-Listen werden länger statt kürzer, es gibt zu wenig Zeit fürs Private, man nimmt berufliche Sorgen mit nach Hause.

Hier soll es aber um grundlegende Fragen gehen, Fragen, die Bewusstheit schaffen und weiterhelfen:

1. Ziele, Ziele, Ziele – Arbeite ich effektiv?

Hat meine Arbeit vorgegebene Ziele? Sind diese besprochen? Fokussiert meine Arbeit Ziele oder arbeite ich einfach Aktenberge ab? Sind größere Ziele in Zwischenziele gegliedert? Sind die Ziele wichtig für den Betrieb? Sind die Ziele sinnvoll für mich? Sind die Ziele mit Anstrengung gut machbar? Werden Erfolge wahrgenommen und wertgeschätzt?

2. Sand im Getriebe – Arbeite ich effizient?

Habe ich Ablenkungen weitgehend ausgeklammert? Schaffe ich mir immer wieder länger Phasen mit hundertprozentiger Konzentration? Habe ich einen geordneten Arbeitsplatz? Habe ich mir ein geeignetes Ablagesystem überlegt? Kenne ich die Teile meiner Arbeit, die einen hohen Wirkungsgrad auf die Zielerreichung haben („high impact")? Reduziere ich ausreichend Arbeiten mit niedrigem Wirkungsgrad („low impact")? Schaffe ich es, mich abzugrenzen und „Nein" zu sagen, weil sonst die Zielerreichung unterlaufen wird?

Effizienz und Effektivität gehören zusammen. Die richtigen Dinge (also Effekte erzielen) tun und die Dinge richtig tun (also auf Effizienz achten) bedeutet zusammengenommen: die richtigen Dinge richtig zu tun.

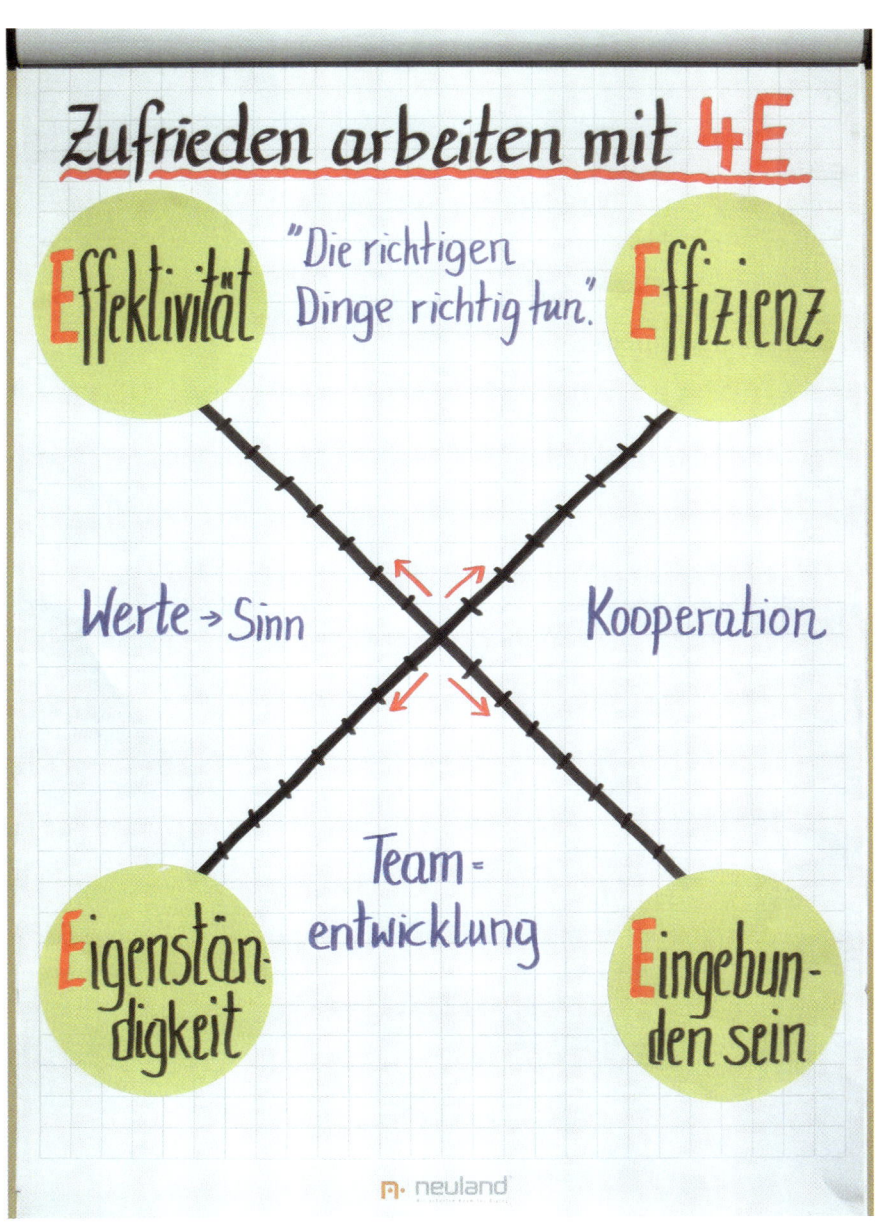

Abb. 14 Zufrieden arbeiten mit 4 E

Für viele Tätigkeiten taucht hier noch die Frage auf: Wie viel und in welcher Qualität? Qualität und Quantität stehen in einem produktiven Spannungsverhältnis zueinander. Dieses lässt sich treffend mit dem Modell des Wertequadrats fassen.

Klug arbeitet, wer Qualität und Quantität gut und flexibel austariert. Nur auf Qualität zu schauen gleitet leicht ab in die Übergenauigkeit bei geringer Stückzahl. Nur Quantität brächte auf Dauer oberflächliche Masse.

3. Selbstverwirklichung

Selbstverwirklichung steht seit Jahren an der Spitze der Wertepyramide. Und Eigenständigkeit ist der Weg dorthin.

Ab den 1960er Jahren („Die 68er") wurden Werte wie Autorität, Hierarchie und Gefolgschaft immer mehr abgelöst durch Kompetenz, Kooperation und Selbstverwirklichung. Für die Generationen der nach 1980 Geborenen sind die neuen Wertvorstellungen weitgehend selbstverständlich.

Dieser Wertewandel hat markante Auswirkungen: In der Führung werden die Hierarchien flacher, Mitarbeiter verlangen mehr Eigenständigkeit. Nur wer selbst mitreden und gestalten kann, sieht sich als Person ernstgenommen. Fremdbestimmung ist meist reaktives Funktionieren. Selbst- oder Mitbestimmung erzeugt ein „inneres Ja" – ich erkenne die Wirkung meines Tuns und bin stolz auf Erfolge. Das motiviert und macht glücklich.

Die Fragen zum Faktor Eigenständigkeit beziehen sich auf den eingeräumten Handlungsspielraum, auf Zutrauen, Verantwortung, Beteiligung an Entscheidungen und ausreichende Information.

Weiter: Ist Eigeninitiative willkommen? Befördert die Arbeit auch meine persönliche Weiterentwicklung? Werden Ziele gemeinsam mit der Führung vereinbart? Kann ich in der Arbeit nach meinen Werten handeln? Sind Arbeit und Leben in einer guten Balance?

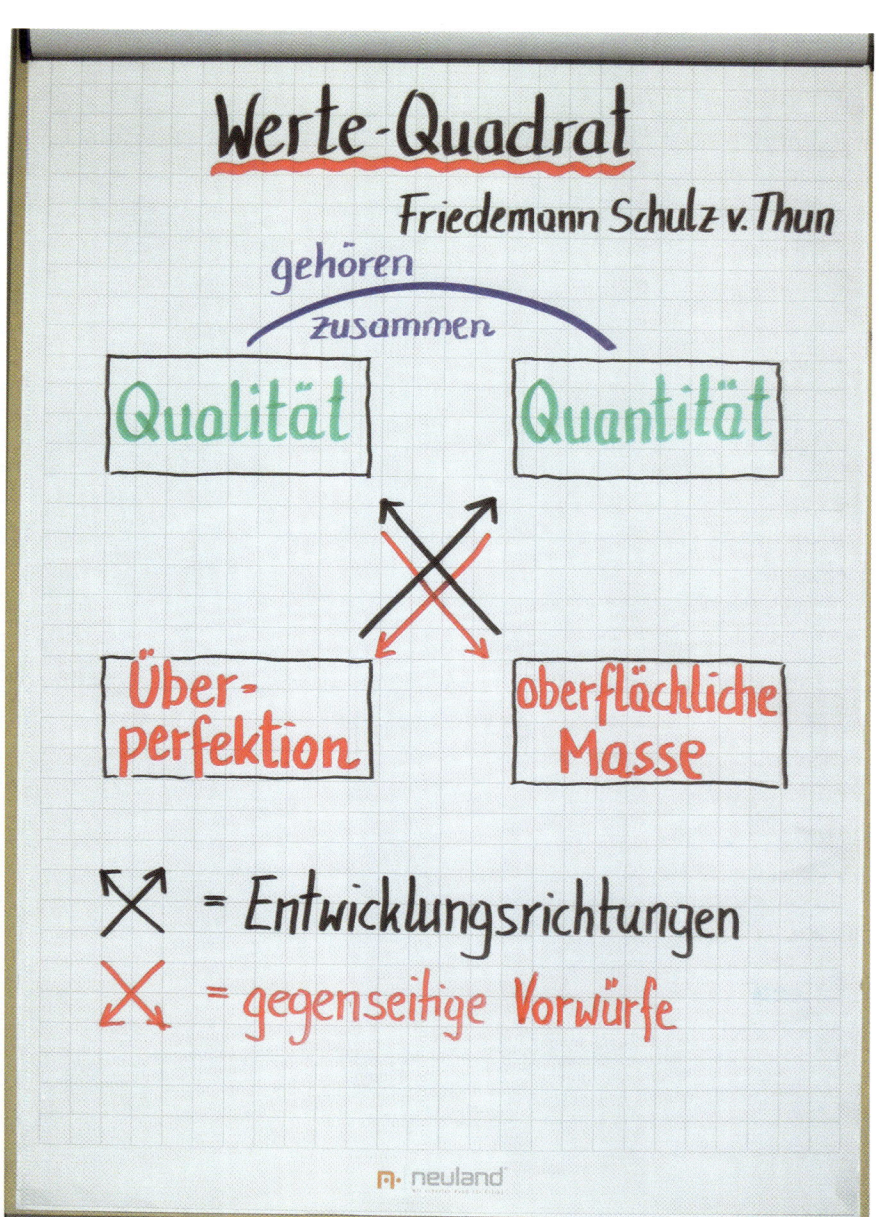

Abb. 15 Wertequadrat

4. Eingebundensein

Eingebundensein erfüllt das Bedürfnis nach Kontakt und Zugehörigkeit. Der Wunsch nach Nähe mag von Mensch zu Mensch unterschiedlich ausgeprägt sein, aber wirklich entfalten können sich die meisten Menschen erst in einem Klima von Geborgenheit, Leistungsfreude und Wertschätzung. Der Neurobiologe Joachim Bauer legt das in seinem Buch „Prinzip Menschlichkeit. Warum wir von Natur aus kooperieren" eindrucksvoll dar.

Fragen dazu sind:
Wird im Betrieb über die gemeinsamen Aufgaben, Ziele und Prioritäten gesprochen? Erfolgt eine Verständigung über gemeinsame Werte (Commitment)? Wie ist die Kultur des miteinander Umgehens ausgeprägt? Wie geht man mit Problemen, Konflikten und Fehlern um? Gibt es ehrliches und förderliches Feedback? Arbeiten wir in einem Klima gegenseitiger Achtung und Wertschätzung?

Noch ein Blick in die Gruppendynamik:
Mangelhaft entwickelte Gruppen übertreiben entweder die Eigenständigkeit oder das Eingebundensein. Zuviel Eigenständigkeit führt zu Eigensinn, Einzelkämpfertum und zerstörerischer Konkurrenz. Die Übertreibung des Eingebundenseins erzeugt Konformitätsdruck und extreme Abgrenzung nach außen.

Ein gutes Team hat sich eine förderliche Kultur des Miteinanders erarbeitet und es bleibt Platz für individuelle Stärken und Vorlieben.

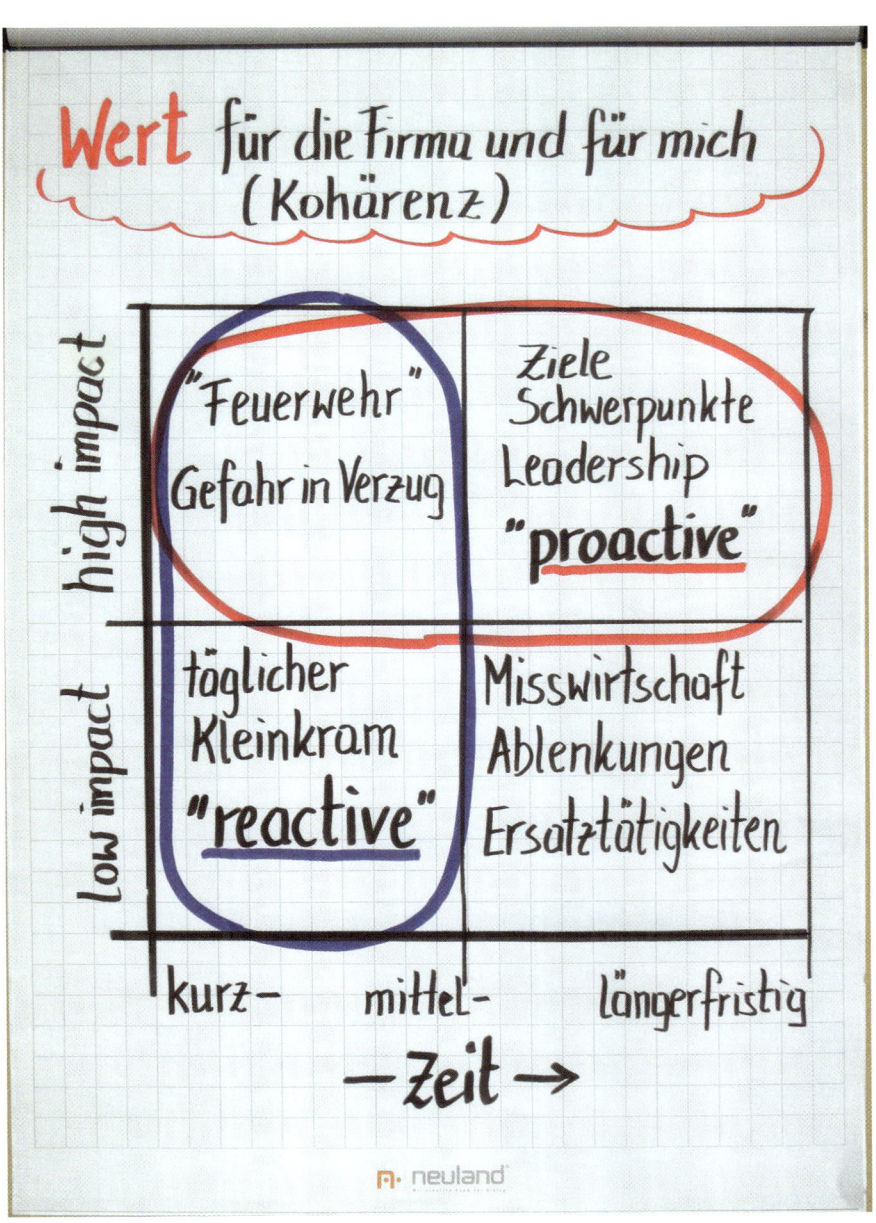

Abb. 16 Wert für die Firma und für mich

Check yourself! - Wann macht mich Arbeit glücklich?

Einschätzskalen sind einfache, aber sehr wirkungsvolle Mittel, Klarheit darüber zu gewinnen, wo ich hin möchte (Zielpunkt) und von wo aus ich starte (Ausgangspunkte).

Markieren Sie bitte: 1. • Zielpunkte und 2. ○ Ausgangspunkte

Effektivität	nein	eher nein	eher ja	ja
Meine Arbeit zeigt Wirkung.				
Meine Arbeit ist an (längerfristigen) Zielen ausgerichtet.				
Die Ziele/Schwerpunkte sind mit Führung und Team besprochen.				
Größere Ziele sind in Zwischenziele unterteilt.				
Die Ziele sind wichtig für den Betrieb.				
Die Ziele sind sinnvoll für mich.				
Die Ziele sind gut zu schaffen, wenn ich mich anstrenge.				
Erfolge werden von anderen wahrgenommen und wertgeschätzt.				

Effizienz	nein	eher nein	eher ja	ja
Ich habe einen geordneten Arbeitsplatz.				
Mein Ablagesystem ist durchdacht und funktioniert.				
Ich konzentriere mich auf jene Arbeiten, die wichtig sind und einen hohen Wirkungsgrad auf die Zielerreichung haben („high impact").				
Gegenüber Störungen kann ich mich weitgehend abgrenzen.				
Ich schaffe (fast) täglich längere Phasen mit 100%iger Konzentration.				
Nebenaktivitäten und Unwichtiges („low impact") habe ich weitgehend reduziert.				
Ich kann mich abgrenzen und sage öfter auch „Nein", „Geht nicht" u.a.				
Insgesamt habe ich ein gutes Selbstmanagement und arbeite sehr effizient.				

Eigenständigkeit	nein	eher nein	eher ja	ja
Ich habe in vielen Bereichen Mitsprache, was ich mache.				
Ich habe einen großen Handlungsspielraum, wie ich meine Arbeit ausführe.				
Die Führung und andere vertrauen mir, dass ich meine Arbeit gut mache.				
Viele Aspekte meiner Arbeit unterliegen meiner Selbstverantwortung.				
Ich erlebe meine Arbeit als sinnvoll. Sie entspricht meinen Werten und unterstützt meine Entwicklung.				
Eigeninitiative wird gefördert und geschätzt.				
Ich kann auch selbst gut einschätzen, wann meine Arbeit gut ist.				
Arbeit und Privatleben sind gut ausbalanciert.				

Eingebundensein	nein	eher nein	eher ja	ja
Ich arbeite in einem Klima gegenseitiger Achtung und Wertschätzung.				
Wir entwickeln viele Teile der Strategie gemeinsam: Selbstverständnis, Werte, Ziele, Durchführung.				
Wir setzen regelmäßig Impulse, damit sich unser Team weiterentwickelt.				
Wir haben alle wichtigen Informationen, die wir für unsere Arbeit brauchen.				
Wir kommunizieren kompetent miteinander und nach außen.				
Probleme, Konflikte oder Fehler dürfen offen ausgesprochen werden, um zügig nach Lösungen zu suchen.				
Wir klammern nicht, vielmehr lässt das Vertrauen zueinander auch individuelle Eigenständigkeiten zu.				
Die Vertrauensbasis ermöglicht eine offene Feedback-Kultur; anerkennende oder kritische Rückmeldungen werden meist dankbar angenommen.				

Auswertung

Geben Sie sich nun selbst Feedback, indem Sie die Einschätzungen auswerten. Vergeben Sie für jedes „ja" einen Punkt und für jedes „eher ja" einen halben Punkt.

Tragen Sie die Ergebnisse in die Tabelle ein:
1. für Ihre Zielwerte
2. für Ihre Ausgangswerte

→ Wie nahe oder entfernt liegen die Ziel- und Ausgangswerte in den vier Bereichen?

→ Arbeiten Sie bereits so, wie Sie es sich wünschen?

→ Gibt es Bereiche mit großem Abstand?

→ Was fällt Ihnen auf, wenn Sie die Werte in den vier Bereichen miteinander vergleichen?

→ Gibt es ein innerliches Nicken – im Sinne von: „Ja, so ist es wohl"?

→ Wo sind Sie zufrieden und vielleicht sogar stolz?

→ Wo möchten Sie etwas entwickeln?

→ Ein Punkt, zwei oder drei, die Sie sich vornehmen? – Jedenfalls sollen es wenige sein.

→ Was konkret wollen Sie anpacken?

Schreiben Sie es auf und führen Sie Buch darüber, wie es Ihnen dabei ergeht – drei Wochen lang. Denn so lange dauert es meist, bis ein neues Handeln zur Gewohnheit wird.

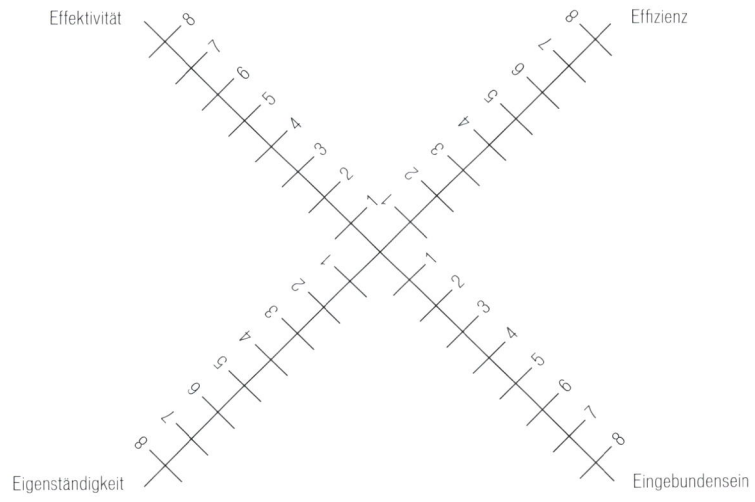

Abb. 17 Wann macht Arbeit glücklich?

Kapitel 2

Auf dem Prüfstand – Und wie steht's um mich?

Nur das, was wir über uns selbst wissen, steht uns zur Bearbeitung zur Verfügung. Ausgangspunkt der meisten Veränderungs- und Entwicklungsprozesse ist eine Bestandsaufnahme, eine IST-Analyse. Dieses Kapitel beinhaltet hilfreiche Instrumente zur Selbsteinschätzung sowie methodisch unterstützter und strukturierter Selbstreflexion.

Meine Motivationsbilanz

Das Ergebnis dieser Übung wird Sie überraschen! Sie sehen auf einen Blick, wie es um Ihre Motivation bestellt ist. Und das ist nach ein bisschen Nachdenken meistens viel besser, als das vordergründige Gefühl sagt. Der Mensch neigt dazu, Störendes und Ärgerliches in den Vordergrund zu rücken und sich im Jammertal einzunisten.

Steuern Sie gegen! Mit System und Methode. So gehen Sie vor:

→ Nehmen Sie sich etwas Zeit und sorgen Sie dafür, dass Sie nicht gestört werden. Dann schauen Sie sich Ihre Arbeitssituation gründlich und ehrlich an.

→ Darauf nehmen Sie einen Streifen Papier, etwa 10 x 50 Zentimeter. Sie beginnen am oberen Rand des Streifens alles aufzuschreiben, was Sie an Ihrer Arbeit freut, was Ihnen leicht von der Hand geht, worauf Sie stolz sind, wo Sie etwas lernen dürfen, wo Sie sich gerne engagieren, wie Sie Ihre Kreativität einsetzen können, was Sie mit Optimismus erfüllt. Lassen Sie sich Zeit, manchmal dauert es einige Minuten, bis die Gedanken aus der Feder fließen.

→ Dann stellen Sie das Blatt auf den Kopf und wenden sich den ärgerlichen und belastenden Seiten zu.

→ Nun gewichten Sie die beiden Seiten. Nicht die Anzahl der Eintragungen ist gemeint, sondern deren Gewicht. 80 positiv : 20 negativ? 50 : 50 ?

→ Im nächsten Schritt übermalen Sie Ihre Eintragungen mit Wachskreiden und drücken damit bildhaft Ihre Bilanz aus.

→ Nun setzen Sie einen Schlüssel an und überlegen, was Sie persönlich tun können, um die Bilanz zumindest um ein paar Prozent zu verbessern. Nicht was andere tun müssten, sondern Sie persönlich.

→ Diese Punkte schreiben Sie sich auf und gehen Schritt für Schritt in die Umsetzung. Ihre Arbeitszufriedenheit wird sich verbessern.

Abb. 18 Meine Motivationsbilanz

Den beruflichen Beanspruchungen gewachsen? – Arbeitsbewältigungsfähigkeit

Auf einem Bild – Sie kennen es vielleicht – sind ein Baum und mehrere Tiere, darunter ein Elefant, ein Goldfisch, ein Affe und ein Vogel abgebildet. Im zugehörigen Text steht die Anweisung an alle: „Damit es gerecht zugeht, bekommen alle die gleiche Aufgabe: Klettern Sie auf den Baum!"

Dieses Bild wählt Juhani Ilmarinen, ein finnischer Arbeitsforscher, um den Zusammenhang zwischen Belastungen, Ressourcen der Ausführenden und erlebter Beanspruchung zu verdeutlichen. Dieselbe Aufgabe (Arbeitsanforderung, Belastung) wirkt auf verschiedene Individuen unterschiedlich. Je nach mitgebrachten Fertigkeiten (Ressourcen) ist die subjektive Beanspruchung „easy" oder gar nicht zu schaffen. Das Meistern dieser Beanspruchung nennt die Arbeitsforschung Arbeitsbewältigungsfähigkeit (Work Ability).

Ilmarinen und andere Arbeitsforscher haben einen einfachen Fragebogen entwickelt, der zur Selbst-Diagnose oder als Gesprächs- und Coaching-Leitfaden für Führungskräfte eingesetzt werden kann. Abgefragt werden Faktoren, die sich für die Arbeitsfähigkeit als wesentlich herausgestellt haben:

→ Gesundheit im physischen, psychischen und mentalen Sinn.
→ Die Wahrnehmung der Arbeitsanforderung/Belastung.
→ Die Selbsteinschätzung, welches Bild ich mir von meinen Fähigkeiten mache und mit welcher Einstellung ich an die Arbeit herangehe.

Quelle: Ilmarinen (2013)

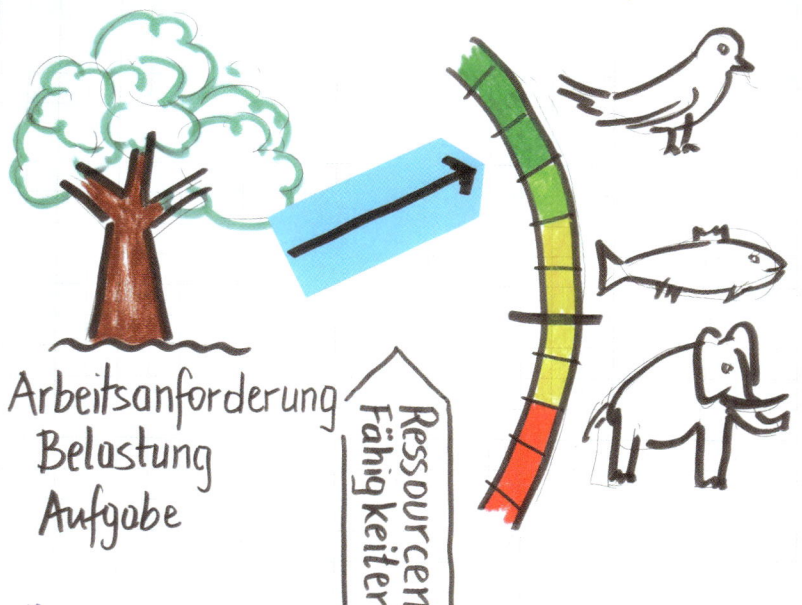

Abb. 19 Wer bewältigt die Aufgabe?

Check yourself! - Arbeitsbewältigungsfähigkeit

Bewerten Sie die sieben Fragen rechts nach folgendem Muster: Bei Frage 1 bedeutet 0 = völlig arbeitsunfähig und 10 = derzeit die beste Arbeitsfähigkeit; die Werte 2 bis 9 liegen sinngemäß dazwischen. Frage 2 streut von nicht (= 2) bis bestens (= 10) usw.

Die Auswertung des Fragebogens ergibt eine Einstufung in die Kategorien „sehr gut" – „gut" – „mäßig" und „schlecht". Für die Interpretation der Ergebnisse sollen die verschiedenen Einflussfaktoren auf die Arbeitsfähigkeit (siehe Kapitel 1 „Das Haus der Arbeitsfähigkeit") herangezogen werden.

Interessante Forschungsergebnisse in diesem Zusammenhang:

→ In einer Längsschnittstudie konnte gezeigt werden, dass die Einschätzung mittels des Fragebogens Aussagekraft besitzt: 46-Jährige, die ihre Arbeitsbewältigungsfähigkeit als schlecht einstuften, waren nach elf Jahren zu 60 Prozent erwerbsunfähig. Jene, die sich sehr gut einstuften, nur zu zehn Prozent.

→ Die durchschnittliche Arbeitsfähigkeit kann mit dem Älterwerden in allen Bereichen sinken, in einigen Bereichen (z.B. körperliche Arbeit) sinken und in anderen (z.B. mental) steigen. Sie kann aber auch grundsätzlich und insgesamt steigen.

→ Die erlebte Beanspruchung durch die Arbeit wechselt im Laufe des Arbeitslebens durch Veränderungen in Bezug auf die Anforderungen und die eigenen Ressourcen. Altersgerechtes Arbeiten und Führen nimmt darauf bedacht.

Quelle: Ilmarinen, Tempel (2002)

Der Fragebogen

	Punkte	Wert
1. Derzeitige Arbeitsbewältigungsfähigkeit im Vergleich zu der besten jemals erreichten Arbeitsbewältigungsfähigkeit	0-10	
2. Wie gut kann ich derzeit die psychischen, geistigen, körperlichen und sozialen Anforderungen der Arbeit bewältigen?	2-10	
3. Anzahl der aktuell diagnostizierten Krankheiten (sehr viele = 1 Punkt, keine = 7 Punkte)	1-7	
4. Geschätzte Beeinträchtigung der Arbeitsleistung infolge von Erkrankungen oder Verletzungen (sehr = 1 Punkt, nicht = 6 Punkte)	1-6	
5. Meine Krankenstände während der letzten zwölf Monate (häufig = 1 Punkt, ganz selten = 5 Punkte)	1-5	
6. Einschätzung der eigenen Arbeitsfähigkeit in Zukunft: Wie gut, denke ich, kann ich meine derzeitige Arbeit in den nächsten zwei Jahren bewältigen?	1-7	
7. Zur mentalen Einstellung und Herangehensweise: Wie gehe ich in der letzten Zeit an die täglichen Arbeitsaufgaben heran? Lustlos und resigniert oder mit Freude und Elan?	1-4	
Summe	7-49	

Die Bewertung der Antworten ergibt den Arbeitsbewältigungsindex (ABI) bzw. Work Ability Index (WAI):

Wert (Index)	Einstufung	Folgerndes Ziel
44-49	Sehr gut (excellent)	Work Ability erhalten
37-43	Gut (good)	Work Ability unterstützen
28-36	Mäßig (moderate)	Work Ability verbessern
7-27	Schlecht (poor)	Work Ability wiederherstellen

Resilienzcheck - Der Fragebogen

Resilienz ist die Fähigkeit, trotz widriger Umstände oder schlimmer Ereignisse ein gutes Leben zu führen. Der folgende Fragebogen gibt neben der Möglichkeit, sich selbst einzuschätzen, auch Auskunft über Verhaltensweisen, die resiliente Menschen an den Tag legen. So können Sie von den Aussagen individuelle Entwicklungsziele ableiten. Sehen Sie also nicht nur auf das Gesamtergebnis, sondern auch auf die einzelnen Punkte.

Schätzen Sie sich selbst zu folgenden Kriterien ein.
1 = stimmt gar nicht; 5 = stimmt völlig

- ❑ In einer Krise oder chaotischen Situation beruhige ich mich selbst und konzentriere mich auf das, was ich sinnvoll tun kann.
- ❑ Normalerweise bin ich optimistisch. Ich sehe Schwierigkeiten als vorübergehend an. Ich akzeptiere sie und glaube, dass es gut ausgehen wird.
- ❑ Ich halte Ungewissheit und Unentschiedenheit gut aus.
- ❑ Ich passe mich schnell an neue Entwicklungen an. Von Schwierigkeiten erhole ich mich schnell.
- ❑ Ich bin irgendwie spielerisch unterwegs. In den schwierigsten Situationen behalte ich meinen Humor, kann über mich selbst lachen und bin schnell für Späße zu haben.
- ❑ Ich bin in der Lage, mich von Verlusten und Rückschlägen emotional zu erholen. Mit Freunden kann ich darüber sprechen. Ich kann meine Gefühle ausdrücken und auch andere um Hilfe bitten.
- ❑ Ich fühle mich selbstsicher, habe ein gutes Verhältnis zu mir und ein gesundes Selbstbild.
- ❑ Ich bin neugierig. Ich stelle viele Fragen. Ich will wissen, wie Dinge funktionieren. Ich mag es, neue Wege zu entdecken, wie ich etwas tun kann.
- ❑ Wertvolle Erkenntnisse gewinne ich aus persönlichen Erfahrungen und aus den Erfahrungen anderer.
- ❑ Ich bin gut darin, Probleme zu lösen. Ich kann analytisch, kreativ und praktisch denken.

- ❏ Ich bringe Dinge gut auf den Weg. Darum werde ich oft gebeten, Gruppen oder Projekte zu leiten.
- ❏ Ich bin sehr flexibel, fühle mich mit meinen Gegensätzen wohl. Ich kann beides sein: optimistisch und pessimistisch, vertrauensvoll und vorsichtig, selbstlos und egoistisch und so weiter.
- ❏ Ich bin immer ich selbst, aber ich habe festgestellt, dass ich mit unterschiedlichen Leuten und in verschiedenen Situationen immer auch anders bin.
- ❏ Lieber arbeite ich ohne eine schriftliche Stellenbeschreibung. Ich bin effektiver, wenn ich den Eindruck habe, das tun zu können, was ich jeweils in einer Situation für richtig halte.
- ❏ Ich nehme Menschen gut wahr, und ich vertraue meiner Intuition.
- ❏ Ich höre gut zu und habe auch Einfühlungsvermögen.
- ❏ Ich bin sehr standhaft. In harten Zeiten halte ich mich gut. Ich bin in der Lage, gut mit anderen zusammen zu arbeiten.
- ❏ Schwierige Erfahrungen haben mich letztlich stärker gemacht.
- ❏ Ich konnte schon Glück im Unglück erleben und das Gute an schlechten Erfahrungen.

Gesamtpunkte: _____

Quelle: Siebert (2005)

Wie resilient sind Sie? Die Auswertung

Wenn Sie den Check gemacht haben, interessiert Sie vielleicht auch die Auswertung.

Eine **niedrige Punktezahl (unter 50)** zeigt, dass das Leben für Sie vermutlich schwierig ist und das wissen Sie auch. Es ist für Sie nicht leicht, mit Druck umzugehen. Sie fühlen sich schnell verletzt, wenn Sie kritisiert werden. Manchmal erleben Sie sich vermutlich hilflos und ohne Hoffnung. Tauschen Sie sich mit Menschen aus, die eine höhere Punktezahl haben und sprechen Sie über verschiedene Haltungen und Herangehensweisen. Versuchen Sie, einige Übungen aus diesem Buch umzusetzen oder ein Resilienz-Coaching zu machen.

Mit **50–69 Punkten** sind sie schon ziemlich gut unterwegs, vielleicht unterschätzen Sie sich sogar. Es gibt mehr Menschen, die sich unterschätzen, als jene, die sich überschätzen. Teilen Sie Ihre Erfahrungen mit anderen und tragen Sie so vielleicht dazu bei, dass es mehr Resilienz in Ihrem Umfeld gibt.

Mit einer **mittleren Punkteanzahl (70–89)** liegen Sie recht gut und das ist sehr erfreulich! Das Ergebnis zeigt, dass Sie von der Beschäftigung mit Resilienz eine Menge lernen können und noch selbstsicherer werden.

Eine **hohe Punktezahl (mehr als 90)** bedeutet, dass Sie schon ziemlich gut darin sind, mit Rückschlägen im Leben umzugehen. Für Sie kann es darum gehen, vieles zu bestätigen, das Sie schon richtig machen. Und – weil Sie es ja mögen, immer wieder etwas dazuzulernen – vielleicht sogar noch besser zu machen.

Wie Sie Ihre Selbsteinschätzung überprüfen können

Bitten Sie Personen, die Sie gut kennen, diesen Fragebogen für Sie auszufüllen und Ihnen so Feedback zu geben. Besprechen Sie Unterschiede in der Einschätzung und hören Sie aufmerksam zu, was Ihnen diese Menschen sagen. Fällt deren Einschätzung höher aus als Ihre eigene, mag das ein Hinweis darauf sein, dass Sie zu „gut erzogen" sind, d.h. zu entgegenkommend, angepasst, „brav", zu sehr für andere da. Das macht sie weniger resilient, als sie sein könnten.

Überprüfen Sie Ihre Selbsteinschätzung, indem sie die nachfolgenden Bonus-fragen beantworten:

→ Hat Sie Ihr Sinn für Humor schon mal in Schwierigkeiten gebracht?
→ Haben Sie schon mal Fragen gestellt, die Ihnen Schwierigkeiten gemacht haben?
→ Wurde Ihnen schon mal von jemandem vorgeworfen, dass Sie die schlech-te Angewohnheit hätten, mögliche Probleme vorauszudenken?
→ Haben Sie schon mal Konfliktpartner irritiert, indem Sie deren gegensätz-liche Sichtweise verstehen konnten?

Geben Sie sich für jedes JA auf die obigen Fragen einen Zusatzpunkt.

Abb. 20 Resilienz

Der Rubikon-Elchtest - Haupthindernis in der Zielrealisierung

Die Arbeit am Haupthindernis soll Sie davor bewahren, gute Haltungsziele aus den Augen zu verlieren. Beispiele für Haupthindernisse sind „meine Bequemlichkeit", „der Alltag", „mein Chef".

Der Elchtest kann im Rahmen der Zielentwicklung durchgeführt werden, um gleich mögliche Hindernisse zu identifizieren. Möglich ist auch, ihn dann zu machen, wenn Sie eine Auffrischung wollen.

So geht's: Notieren Sie auf einem Blatt ihr Haupthindernis. Dann holen Sie sich einen Ideenkorb mit Tipps und Tricks für Verhaltensweisen, die für Ihr Haupthindernis eingesetzt werden können.

Danach übernehmen Sie Ihre Lieblingsideen aus dem Ideenkorb oder fügen eigene Ideen dazu. Für den Umgang mit dem Haupthindernis hat so jeder fünf Verhaltensweisen parat.

Zusätzliche Checks für das Mottoziel

➜ Stimmt es noch hinsichtlich der drei Kriterien (Annäherungsziel, 100 Prozent in der eigenen Verfügbarkeit, Minus 0/> Plus 70 als Affektbilanz)?

➜ Wurden genügend Erinnerungshilfen aufgebaut?

➜ Wurde der Körper als Ressource miteinbezogen (ein Embodiment entwickelt)?

➜ Wurden soziale Ressourcen eingesetzt und waren diese zuverlässig?

➜ Befand sich der Herausforderungsgrad der B-Situation wirklich im Bereich 40-60?

➜ Sind das Motto-Ziel und die damit verbundene Haltung wirklich geeignet für die gewählte B-Situation oder muss ein eigenes Mottoziel gebaut werden?

➜ Ist in der B-Situation eine überraschende, schwierige C-Situation aufgetaucht, die nicht vorhergesehen wurde?

➜ Hat der Wenn-Dann-Plan funktioniert? Wurde das erwünschte Verhalte ausgelöst?

Quelle: Storch, Krause (2014)

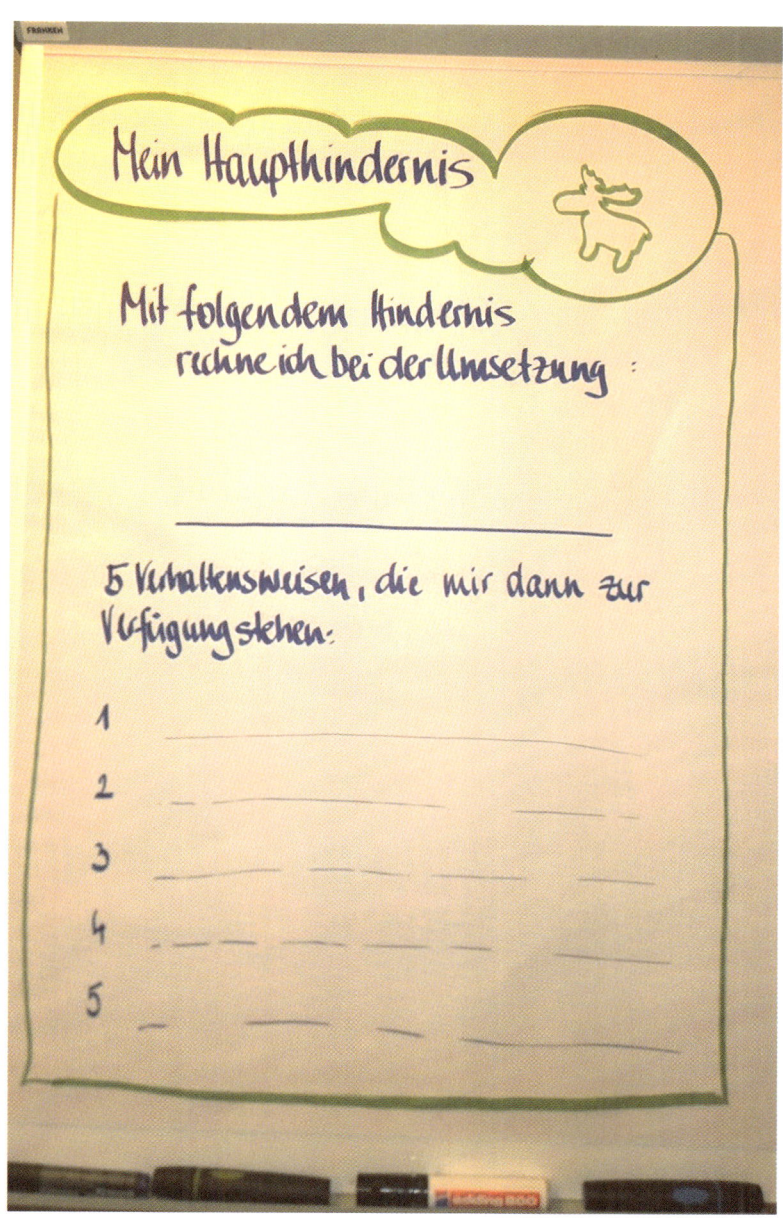

Abb. 21 Elchtest für das Mottoziel

Zustandsbewertung wichtiger Lebensbereiche

In der Geschäftswelt dient die Inventur dazu, den momentanen Warenstand zu erheben. Das Formblatt rechts ist als Hilfe gedacht, strukturiert und angeleitet in der gegenwärtigen Lebenssituation Inventur zu machen.

Leben und Arbeit sind korrespondierende Gefäße. Wer mehr Sinn, Zufriedenheit und Motivation im Leben entwickeln kann, hat gute Chancen, auch die Arbeit gut zu bewältigen. Sinnerlebnisse und Zufriedenheit sind die Quelle für Motivation und damit auch für Widerstandskraft im Job.

So können Sie vorgehen:

→ Beschreiben Sie für jeden Lebensbereich in Stichworten oder kurzen, klaren Sätzen Ihre gegenwärtige Situation.

→ Bewerten Sie die einzelnen Lebensbereiche nach Zufriedenheit. Vielleicht ist eine Punkteskala von 0–10 hilfreich oder ++ bis – – oder Sie gehen die Beschreibungen gedanklich noch einmal durch.

→ Mit grünen Klebepunkten markieren Sie Bereiche, in denen Sie zufrieden sind und wo Sie sich überlegen wollen, wie Sie den guten Zustand erhalten können.

→ Markieren Sie mit roten Klebepunkten maximal drei Lebensbereiche, in denen Sie für sich entschieden haben, dass Sie hieran weiterarbeiten und sich weiterentwickeln möchten.

Quelle: Gelb (2004)

Die richtigen Ziele finden

Zustandsbewertung in den wichtigen Lebensbereichen

Menschen – Wie sehen meine Beziehungen jetzt aus?	
Karriere – Wo stehe ich gegenwärtig in meiner Karriere?	
Finanzen – Wie ist meine finanzielle Lage? Ausgaben, Schulden, Einnahmen?	
Wohnen – Wie ist meine Lebenssituation?	
Besitz – Was besitze ich?	
Gesundheit – Wie fit bin ich? Wie ist es um meinen Energiehaushalt bestellt?	
Vergnügen – Genieße ich das Leben?	
Reisen – Wo bin ich gewesen?	
Lernen – Wo liegen meine größten Bildungslücken?	
Ich selbst – Welche Person bin ich? Wo liegen meine Stärken und Schwächen?	
Wertvorstellungen – Wo liegt der Unterschied zwischen den Wertvorstellungen, die ich gerne hätte, und denen, die ich jetzt habe (gemessen an meinen Handlungen und Verhaltensweisen)?	
Partnerschaft – Wie lebe ich sie? Wie entwickelt ist sie?	
Image – Welches Ansehen genieße ich? Wie werde ich von anderen gesehen?	

Abb. 22 Zustandsbewertung

Der Riemann-Test

Bevor Sie die nächsten Seiten lesen, machen Sie den Selbstcheck zum Riemann-Modell. Sie haben für alle vier Felder insgesamt zehn Auswahlmöglichkeiten. Nehmen Sie einen Textmarker oder kreuzen Sie einfach an, was für Sie deutlich zutrifft.

Haben Sie in einem Feld mehr Markierungen als in den anderen, so scheinen Sie zu diesem Verhalten eine gewisse Tendenz zu haben. Die nächsten Seiten erklären Ihre Ergebnisse.

Sie bekommen Auskunft über Ihre Stärken, mögliche Entwicklungspotenziale und Empfehlungen, wie Sie konstruktiv und erfolgreich mit Menschen kooperieren und kommunizieren können.

• sachlich & logisch	• frei & unabhängig
• distanziert	• unternehmungslustig
• rational	• interessiert
• kritikfähig	• risikobereit
• zielorientiert	• einfalsreich & spontan
• Einzelkämpfer	• phantasievoll
• analytisch	• kontaktfreudig
• Abstraktionsvermögen	• Abwechslung
• durchsetzungsfähig	• im Mittelpunkt stehen
• effizient & schnell	• großzügig
• konsequent	• fürsorglich & sozial
• ordentlich	• empathisch & verständnisvoll
• korrekt & genau	• selbstlos
• verantwortungsbewusst	• gefühlsbetont
• feste Abläufe	• unterstützend
• systematisch & widerspruchsfrei	• solidarisch
• stabil & berechenbar	• „wir"-orientiert
• pflichtbewusst	• Handschlagqualität
• Gewissheit & Sicherheit	• geduldig
• gesetzes- & normentreu	• kompromissbereit

65

Erkenne Dich selbst! - Persönlichkeit im Riemann-Modell

Ein zweiter kleiner Selbstversuch: Schreiben Sie ohne viel nachzudenken auf, was Sie in der gemeinsamen Arbeit mit Menschen schätzen und was Sie ärgert und belastet. Nachdem Sie sich mit dem Riemann-Modell beschäftigt haben, haben Sie eine Erklärung: Meist mag man, was einem ähnlich ist, und ist genervt vom Gegensätzlichen.

Das gilt im Umgang mit Kollegen, Mitarbeitern, Seminarteilnehmern und eigentlich allen Mitmenschen – für alle Situationen, in denen Sie in Kontakt mit anderen Menschen sind. Und so wie Ihre Gegenüber ganz unterschiedliche Persönlichkeiten sind, haben auch Sie eine ganz individuelle Prägung. Wir können uns nicht nicht verhalten und jedes Verhalten zieht Wirkungen nach sich. Für uns alle ist deshalb Selbstkenntnis von großem Vorteil, wenn wir erfolgreiche und effektive Arbeitsbeziehungen gestalten wollen. Denn wer seine Stärken, Schwächen, Vorlieben und Wirkungen kennt, kann sich in unterschiedlichen Situationen für das jeweils wirksamere Verhalten entscheiden. „Nur, was ich über mich selbst weiß, steht mir zur Bearbeitung und bewussten Auswahl zur Verfügung."

Der Wunsch, Persönlichkeit zu erfassen und zu typologisieren, war bereits bei den „alten" Griechen ausgeprägt. So unterschieden sie vier Temperamente: Choleriker, Sanguiniker, Phlegmatiker und Melancholiker. Mit der Beschreibung der Verhaltenstendenzen des Menschen nach den vier Grundstrebungen stellt uns Riemann viele Jahrhunderte später ein anschauliches Erklärungsmodell zur Verfügung:

Die Grundstrebung nach
➜ Nähe oder Distanz,
➜ Dauer oder Wandel.

Alle vier Grundstrebungen wohnen jedem Menschen inne, allerdings prägen wir im Laufe unserer Entwicklung meist ein bis zwei Richtungen besonders aus. Diese Grundstrebungen beeinflussen unser Menschenbild, unseren Umgang mit anderen Menschen, unsere Werthaltungen, unser Kommunikations- und Konfliktverhalten – kurz: unsere gesamte Lebensführung.

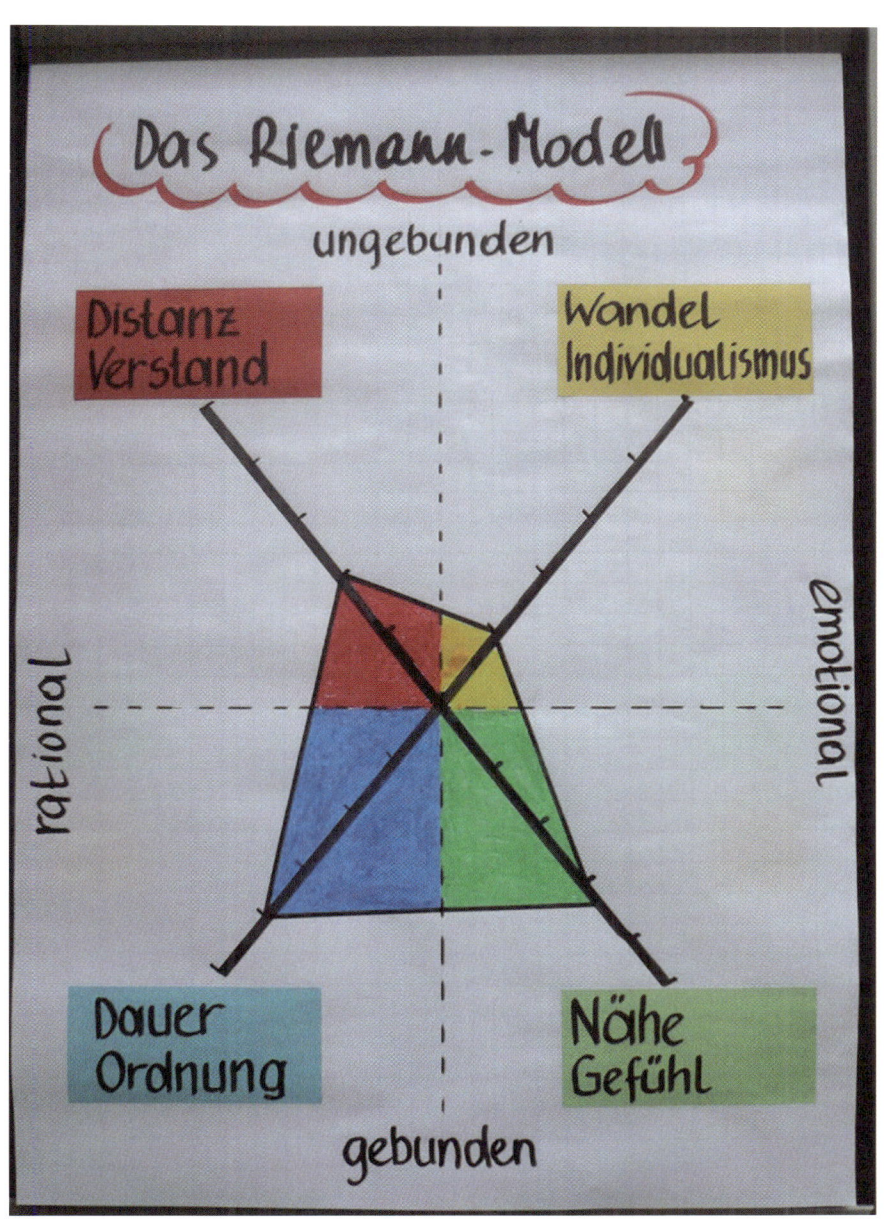

Abb. 23 Das Riemann-Modell

Die idealtypischen Verhaltenstendenzen der vier Grundstrebungen:

Nähe-Menschen

Stärken: sind sehr gefühlsorientiert, sie sind zu Bindung, Hingabe und Geborgenheit fähig und verhalten sich fürsorglich und sozial.

Schwächen: sind oft konfliktscheu und zeigen eine Dulder-Haltung und Opfermentalität.

Das Wohlergehen der anderen und der Gemeinschaft ist ihnen wichtig.

Distanz-Menschen

Stärken: sind vernunft- und verstandesorientiert, sie gehen sachlich, logisch, autonom, zielorientiert und analytisch vor, Theorien und Dinge stehen vor Gefühlen und Menschen.

Schwächen: lassen sich nicht gerne auf Bindungen und näheren Kontakt ein und sind leicht kränkbar. Deshalb wirken sie oft kühl und neutral.

Ihr Hauptanliegen ist es, Aufgaben in effektivster Weise zu erledigen oder erledigen zu lassen.

Dauer-Menschen

Stärken: orientieren sich gerne an Strukturen, Ordnungen und Normen. Die Einhaltung von Ordnung, Regeln und Ritualen fällt ihnen leicht. Genauigkeit, Verlässlichkeit, Planung und Über- und Unterordnung spielen eine große Rolle.

Schwächen: in der Übertreibung können sie unflexibel, pedantisch und formalistisch werden.

Ihr Hauptanliegen ist es, geordnete Regelmäßigkeit herzustellen oder durchzusetzen.

Wandel-Menschen

Stärken: sind risikofreudig, flexibel, kreativ, initiativ und kontaktfreudig. Sie sind für Neues aufgeschlossen und besitzen Unternehmungslust.

Schwächen: in der Übertreibung sind sie sprunghaft, ziellos und können sich schwer entscheiden. So zeigen sie wenig Ausdauer und Verlässlichkeit. Sie sind selbstbezogen und dramatisieren in theatralischen Szenen. Ihr Hauptanliegen ist es, ideenreich Neues zu initiieren.

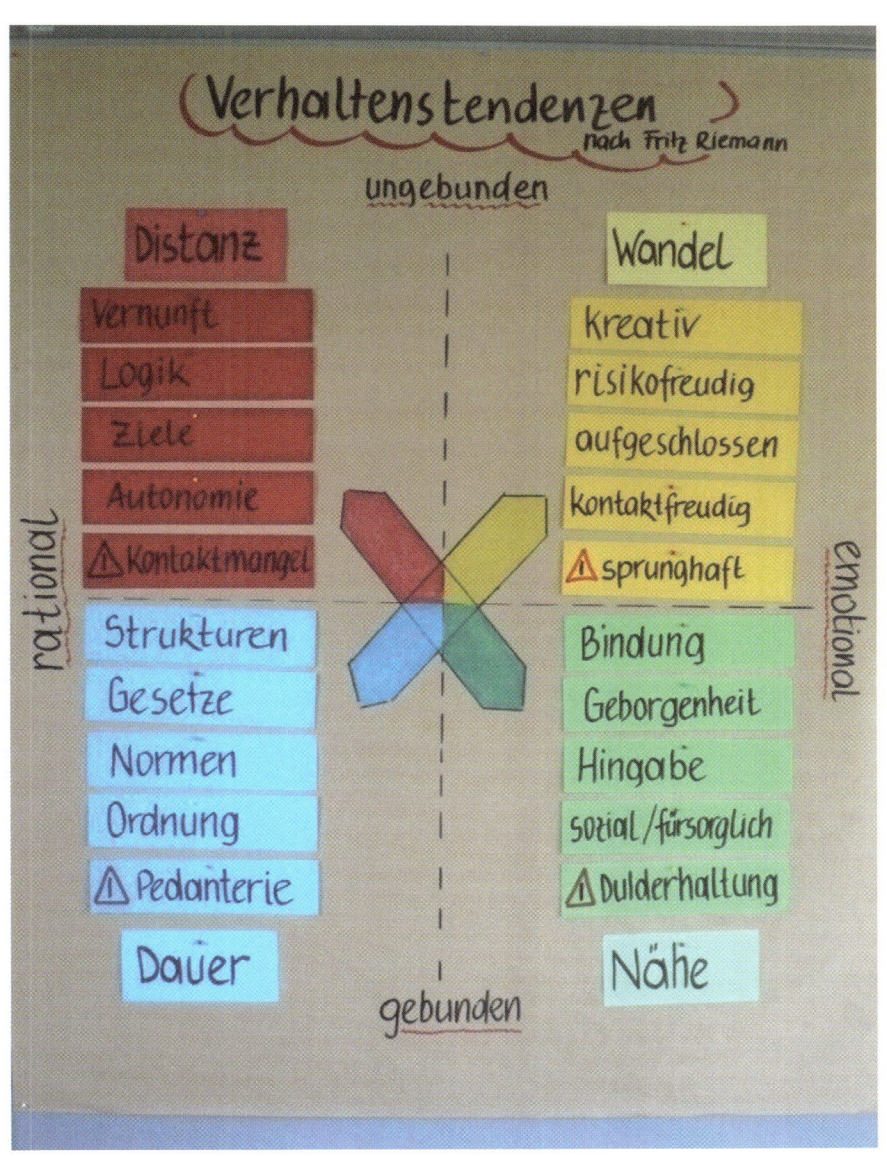

Abb. 24 Verhaltenstendenzen nach Fritz Riemann

Konstruktive Gesprächsstrategien – Wie erreiche ich die verschiedenen Typen?

In der folgenden Zusammenstellung sind einige Strategien der Gesprächsführung angeführt, um bessere Arbeitsergebnisse zu ermöglichen. Die angeführten Punkte folgen zunächst dem Prinzip der Anpassung an die jeweilige Verhaltenstendenz des Gesprächspartners und zeigen abschließend Erweiterungsmöglichkeiten auf.

Gesprächsführung mit Personen mit Nähe-Tendenz

→ Verständnis und Bestätigung entgegenbringen
→ Orientierung an Gefühlen akzeptieren
→ behutsam aber konsequent zur Sache kommen
→ dem Gegenüber Vertrauen geben und ihm Selbstständigkeit zutrauen

Gesprächsführung mit Personen mit Distanz-Tendenz

→ Zulassen und nicht persönlich nehmen, dass das Gegenüber durch Klarstellungen und Erklärungen seine Selbstständigkeit und Distanz wahrt
→ Initiative für Annäherung dem anderen überlassen
→ Freiraum des Abwartens einräumen
→ allmählich zur Öffnung einladen – ohne Aufgabe der Selbstständigkeit

Gesprächsführung mit Personen mit Dauer-Tendenz

→ langwierige, einordnende Erklärungen nicht abschneiden
→ buchhalterische Genauigkeit akzeptieren
→ Zusammenfassen und Zwischenergebnisse festhalten
→ vorsichtig lockern im Sinne von „man darf sich ändern und es muss nicht alles bis in kleinste Detail perfekt sein"

Gesprächsführung mit Personen mit Wandel-Tendenz

→ anfangs das Springen von Thema zu Thema akzeptieren
→ sich nicht vom Durcheinander verwirren lassen, immer wieder Haltepunkte setzen
→ Zwischenergebnisse klar markieren
→ klare Abmachungen vorschlagen

Was man immer tun kann: rückmelden, was das jeweilige Verhalten mit einem macht, und so Orientierung darüber geben, wie es ankommt und warum die Reaktionen so sind, wie sie sind.

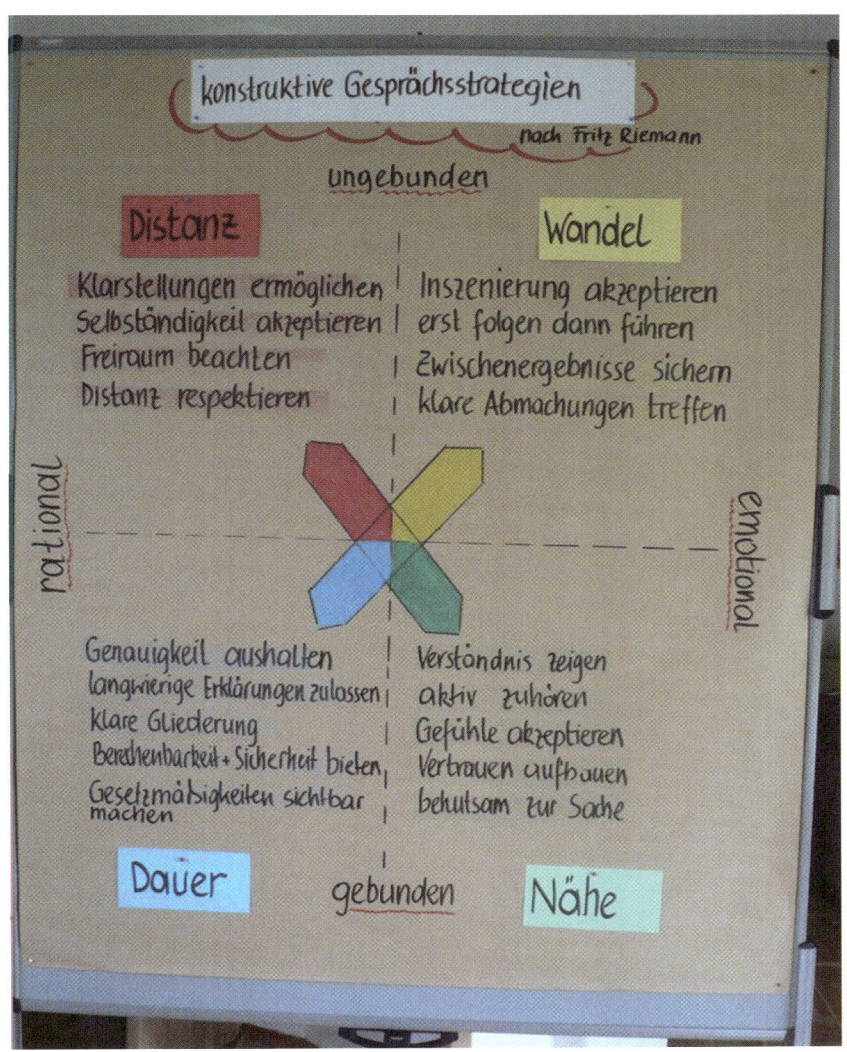

Abb. 25 Konstruktive Gesprächsstrategien

Kapitel 3

Ausgangspunkt – Von den Defiziten zu den Ressourcen

Stress ist normal und Hausforderungen motivieren. Tritt jedoch auf Dauer eine erhebliche Überbelastung ein, führt das fließend und oft unbemerkt in einen krankhaften Erschöpfungszustand. In diesem Abschnitt finden Sie Angebote zum Gegensteuern. Die Arbeit mit dem Unbewussten ist das methodische Kernstück des Zürcher Ressourcen Modells ZRM®. Es bietet Anleitungen und Tools zur besseren Nutzung der eigenen Ressourcen.

Stress – Burnout – Krise

• •

„Ein voller Terminkalender ist noch lange kein erfülltes Leben." (Kurt Tucholsky)

• •

Stress ist die Antwort des Organismus auf Reize. Stress ist zunächst normal und sichert das Überleben. Zu extreme Herausforderungen, Bedrohungen oder die Gefahr der Schädigung oder des Verlustes bewirken jedoch eine negative Form von Stress, den Distress. Was wie intensiv welchen Stress auslöst, ist von Person zu Person sehr verschieden – in jedem Fall schaltet der Körper auf Alarm.

Der Blutdruck steigt, der Puls wird beschleunigt, Schweiß bricht aus, Muskeln (ver-)spannen sich, das Gehirn arbeitet nicht mehr so schnell und verlässlich wie sonst. Warum? Weil die gesamte Energie für Flucht (Gefühl: Angst) oder Angriff (Gefühl: Zorn, Wut, Aggression) bereitgestellt wird. Das tut der Körper einfach autonom, man kann sich der Stressreaktion nicht willentlich entziehen.

Fehlt eine ausreichende Erholungsphase, bleibt der Organismus in Daueralarmbereitschaft, wodurch die inneren Organe geschädigt werden können und das Gehirn Konzentrations- und Lernleistungen vermindert. Zu lange Anspannung führt zu Erschöpfung.

Folgende Faktoren tragen zu negativem Stress bei:

Zwischenmenschliche Stressoren

→ widersprüchliche Erwartungen, Werte und Normen
→ Streit, Konflikt, ungeklärte Verhältnisse und Situationen
→ fehlende Rückmeldung, nicht wissen, wie man „dran" ist
→ nicht wahrgenommen werden, nicht gemocht werden

Berufliche Stressoren

→ dauernde Überforderung durch massive Arbeitsbelastung und Zeitdruck, aber auch Unterforderung
→ mangelnde Anerkennung und Akzeptanz

→ Konflikte und Mobbing
→ widersprüchliche und unklare Erwartungen und Zielvorgaben
→ Diskrepanz zwischen kommunizierten und gelebten Werten

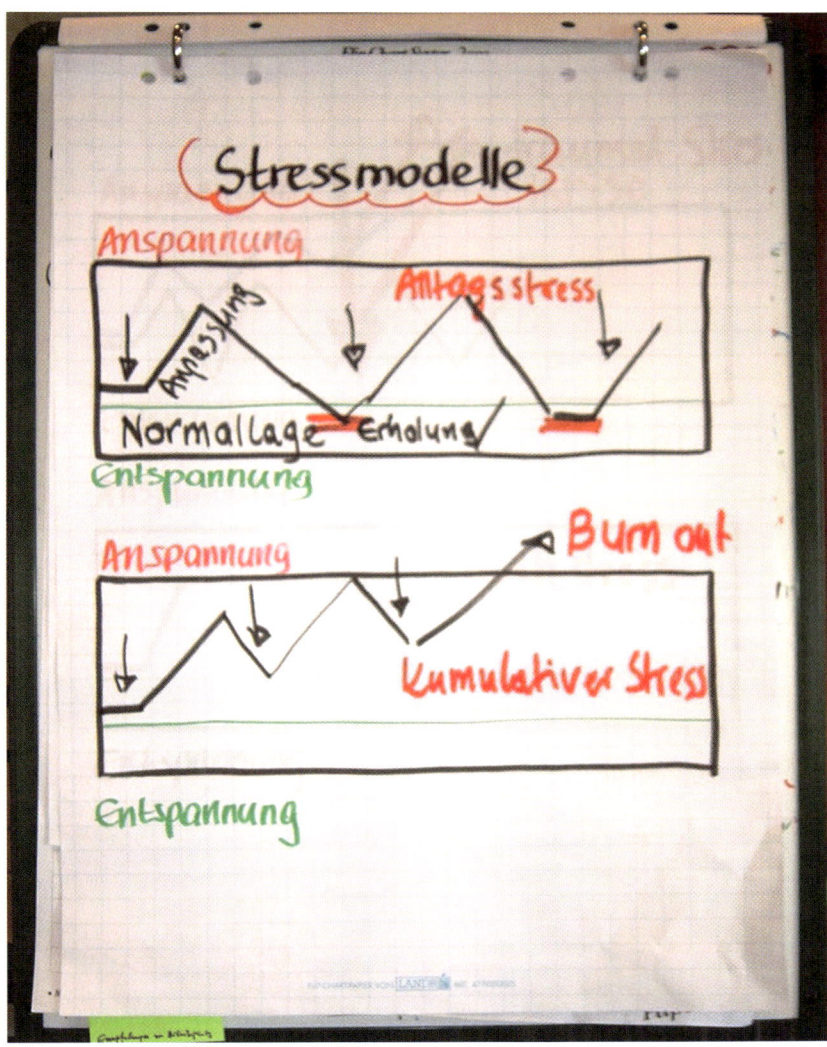

Abb. 26 Stressmodelle

Der Burnout-Zyklus

Burnout hat man nicht – und schon gar nicht von heute auf morgen. Burnout ist die schleichende Entwicklung eines Erschöpfungszustandes, die allerdings in beinahe gesetzmäßiger Abfolge in den gesundheitlichen Abgrund führt.

Die zwölf Stadien des Burnout-Syndroms

1. **Der Zwang, sich zu beweisen:** Interesse, Tatendrang, Leistungsstreben schlagen um in Leistungszwang – wegen zu hoher Erwartungen an sich selbst.

2. **Verstärkter Einsatz:** Es herrscht das Gefühl vor, alles selber machen zu müssen, Delegieren wird als umständlich und zeitaufwändig erlebt.

3. **Vernachlässigung eigener Bedürfnisse:** Der Wunsch nach Ruhe, Entspannung, angenehmen Sozialkontakten etc. tritt in den Hintergrund, das Gefühl, diese Bedürfnisse gar nicht mehr zu haben, wird deutlicher, dies gilt auch für sexuelle Bedürfnisse. Nicht selten Alkohol-, Nikotin-, Kaffee- aber auch Schlafmittelgenuss.

4. **Vermehrt Fehlleistungen in Routinen:** Fehlleistungen, wie Vergessen, Unpünktlichkeit, Verwechslung von Terminen, Nichterledigen von zugesagten Aufgaben, Energiemangel, treten auf.

5. **Umdeutung von Werten:** Die Wahrnehmung stumpft ab. Prioritäten verschieben sich, soziale Kontakte werden als belastend erlebt, wichtige Ziele im Leben entwertet und umgewertet. Das Beziehungs-Burnout in der Partnerschaft droht.

6. **Verstärkte Verleugnung der aufgetretenen Probleme:** Abkapseln, Zynismus, aggressive Abwertung, Ungeduld und Intoleranz kennzeichnen dieses Stadium. Andere Menschen werden als böse, dumm, fordernd, uneinsichtig, undiszipliniert erlebt, jeder Kontakt als unerträglich. Erste Leistungseinbußen und körperliche Beschwerden treten auf. Mangelnde Hilfsbereitschaft, fehlendes Einfühlungsvermögen im Umgang mit den unvermeidlichen anderen Menschen.

7. **Rückzug:** Das soziale Netz wird als feindlich, fordernd, überfordernd erlebt. Orientierungs- und Hoffnungslosigkeit sowie Entfremdung prägen das Bild. Alkohol, Medikamente, Drogen, Essen, Sexualität und

anderes treten als Ersatzbefriedigung in den Vordergrund. Der Mensch fühlt sich eingeengt und wirkt automatisiert.

8. **Verhaltensänderung:** Der Rückzug nimmt weiter zu, indem Aufmerksamkeit und Zuwendung der Umwelt als Angriffe verstanden werden, paranoide Reaktionen sind möglich.

9. **Verlust des Gefühls für die eigene Persönlichkeit:** Es herrscht das Gefühl vor, nicht mehr man selbst zu sein, sondern nur mehr automatisch zu funktionieren.

10. **Innere Leere:** Der Mensch fühlt sich ausgehöhlt, ausgezehrt, mutlos und leer, erlebt gelegentlich Panikattacken und phobische Zustände, fürchtet sich vor Menschen und Menschenansammlungen. Exzessive Ersatzbefriedigungen werden bisweilen beobachtet.

11. **Depression:** Verzweiflung, Erschöpfung, Melancholie beherrschen das Bild. Innere schmerzhafte Gefühle wechseln mit dem Eindruck, „abgestorben" zu sein, Suizidgedanken treten spätestens jetzt auf. Starker Wunsch nach Dauerschlaf.

12. **Völlige Burnout-Erschöpfung:** Geistige, körperliche und emotionale Erschöpfung, besondere Infektanfälligkeit, Gefahr von Herz-, Kreislauf- oder Magen-Darmerkrankungen stehen im Vordergrund.

Nicht jede dieser zwölf Stufen muss sich klar und eindeutig zeigen. Meist sind die Übergänge fließend oder überlappend. Wenn man in den Anfangsstadien bei guter Selbstreflexion noch selbst gegensteuern kann, ist zwischen Stadium vier bis acht Beratung angeraten. Danach helfen nur mehr Arzt und Psychotherapie.

Quelle: Freudenberger, North (1992)

Burnout: Gegenmaßnahmen, die den jeweiligen Stadien entsprechen

Ad 1:   Umschlagspunkt von Leistungsstreben zu Leistungszwang erkennen, individuelles Tempo finden und beides aufeinander abstimmen

Ad 2:   Loslassen und Delegieren lernen – auch wenn es schwerfällt (Achtung bei Angst vor Konkurrenz)

Ad 3:   Bewusst auf vernachlässigte Bedürfnisse achten: Vergnügen, Ausspannen, Hobbys, Bewegung. Familiäre Beziehungen wahrnehmen, diese wieder ins Blickfeld rücken und pflegen

Ad 4:   Den eigenen Anteil an Fehlleistungen erkennen, Hinweise auf die Überforderung ernst nehmen

Ad 5:   Die eigenen Grundwerte überprüfen, soziale Kontakte und Freundschaften reaktivieren

Ad 6–8:   Ab diesen Stadien unbedingt professionelle Hilfe in Anspruch nehmen. Auf gesundes Verhalten (Schlaf, Bewegung, Entspannung, Essen, kein oder wenig Alkohol etc.) gezielt achten

Ad 9–10:   Falls erst in diesen Stadien professionelle Hilfe in Anspruch genommen wird, ist ein längerer Abstand von Alltagsverpflichtungen erfahrungsgemäß unumgänglich (Urlaub, Krankenstand)

Ad 11:   Für die soziale Umgebung gilt: nicht wegschauen, sondern handeln. Das Umfeld ist aufgerufen, professionelle Suizidprävention zu veranlassen. Ermuntern Sie einen depressiven Menschen, sich zu öffnen und über seine Suizidgedanken zu reden. Die Sorge, dass Ansprechen zur Tat anregt, ist völlig unbegründet, vielmehr bietet das Gespräch die Möglichkeit, der Isolation zu entkommen.

Ad 12:   In diesem Stadium sind professionelle Notfallmaßnahmen und Krisenintervention unerlässlich

Quelle: Sonneck, Aichinger (1997)

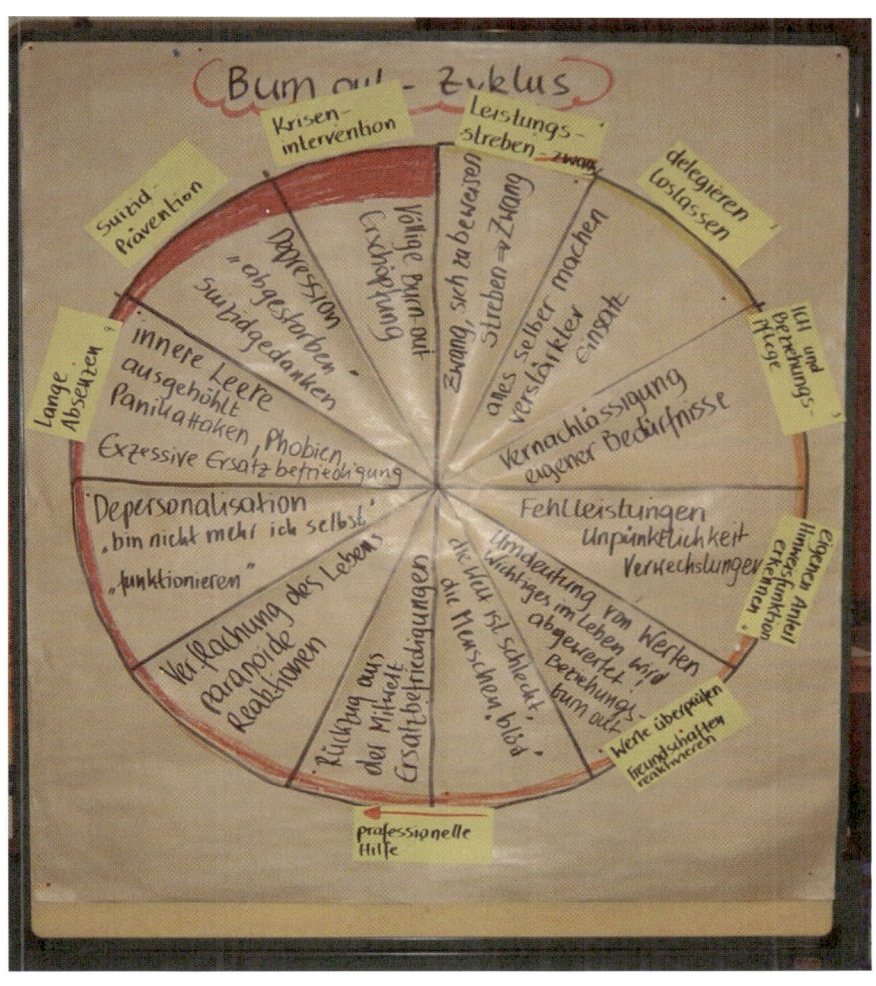

Abb. 27 Burnout-Zyklus – Gegenmaßnahmen

Stress-Polster

Sie sind für sich selbst verantwortlich und nur Sie selbst können etwas für Ihr eigenes, inneres Wohlbefinden tun. Also:

Wähle Deine Einstellung! In den meisten Situationen haben Sie es selbst in der Hand, ob Sie Misstrauen, Angst oder Ärger vor sich hertragen oder Optimismus, Neugier, Freude und Zuversicht. Sie strahlen Ihre Einstellung aus und bekommen sie vielfach gespiegelt zurück. Das kann erfreuen oder stressen.

Beziehungspflege: Wer oder was sind Sie noch, wenn Sie nicht mehr der Herr Direktor, die Frau Doktor, der Herr Abteilungsleiter, „Herr und Frau Wichtig" sind? Was bleibt, sind die Interessen und die Kinder, die Freunde, die lieben Menschen um Sie herum und Ihr Mann, Ihre Frau. Kümmern Sie sich um sie!

Selbstmanagement: Wie gehen Sie mit Ihrer Zeit um, wie organisieren Sie Ihre Arbeit?

Gesund leben: „Der Mensch ist, was er isst!" Nehmen Sie Lebensmittel und nicht nur Nahrungsmittel zu sich. Einfache Ernährungsfibeln genügen meist als Ratgeber. Viel Wasser trinken ist jedenfalls ein Wundermittel. Genießen ist gesund.

Bewegung: Stress ist Energie pur. Verbrauchen Sie die Stressenergie durch Bewegung. Jede Form von Ausdauersport unterstützt Ihren Körper beim Stressabbau.

Anspannung braucht Entspannung: Im Leistungssport ist schon längst unverzichtbar, was im Arbeitsleben oft noch verlacht wird: Meditation, Yoga, Autogenes Training, Progressive Muskelentspannung (Jacobsen) oder einfach durchatmen, die Schultern fallen lassen, sich selbst mit beiden Händen das Gesicht massieren oder sich Sauna und eine Massage gönnen.

Quelle: Stollreiter, Voelgyfy, Jencius (2000)

Abb. 28 Stress-Polster

Sleep well

„Der Schlaf ist für den ganzen Menschen, was das Aufziehen für die Uhr."
(Arthur Schopenhauer)

Viele Menschen leiden an arbeits- und stressbedingtem Schlafmangel. In einer Welt, in der andauernde Erreichbarkeit zum Alltag geworden ist, setzt man immer höhere Erwartungen an sich selbst und andere. Produktivität wird bis ans geistige und körperliche Limit gepusht. Der ausreichende Schlaf wird dabei oft stark vernachlässigt.

In Zukunft werden mehr denn je Fähigkeiten gebraucht, um mit Komplexität klarzukommen. Es geht vermehrt darum, kreative Lösungen zu finden. Um in unabhängigen Netzwerken zu navigieren, braucht es interpersonelle Kommunikation und die Fähigkeit, Beziehungen zu gestalten. Für all dies und um wirklich effektiv und funktional arbeiten zu können, ist ausreichender Schlaf eine wichtige Voraussetzung – so banal das auch klingen mag.

Die Auswirkungen von Schlafmangel

Schlaf beeinflusst unsere Merkfähigkeit, unsere Kreativität und unsere Laune positiv. Schlafberaubte Menschen bekommen nicht ausreichend Gelegenheit, Informationen zu verarbeiten, und können daher nicht zu ihrer Höchstform gelangen. Neurowissenschaftliche Fakten über den Schlaf erklären den Grund:

→ Im Schlaf arbeitet das Gehirn in verschiedenen Phasen. Es ist sehr aktiv.

→ Etwa alle 90 Minuten kommen wir in eine Rapid-Eye-Movement (REM)-Phase. In dieser Phase verarbeitet das Gehirn die Geschehnisse des Tages, wir träumen. Erfahrungen werden ins Langzeitgedächtnis übertragen und Sequenzen gelernter Fertigkeiten werden zu „Muskel- Erinnerungen".

→ Ohne genügend REM-Phasen werden die Erlebnisse des vorherigen Tages nicht verarbeitet. Wenn dies nicht geschieht, werden teils wichtige Informationen nicht abgespeichert und verknüpft und wir können nicht auf sie zurückgreifen, wenn wir sie brauchen.

Quelle: Petrie (2014)

{ SLEEP WELL! }

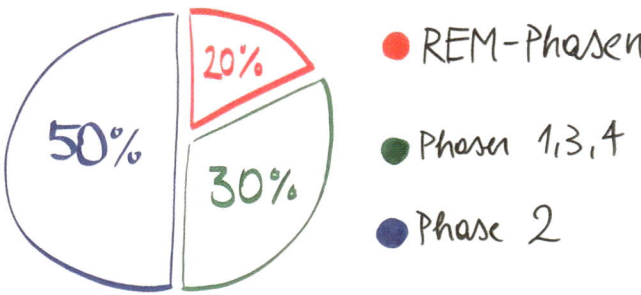

- ● REM-Phasen
- ● Phasen 1,3,4
- ● Phase 2

REM-Phasen: träumen, unregelmäßiges Atmen, ca. 3x pro Nacht /alle 90 Minuten

Phasen 1,3,4: 1: Leichtschlaf
3: Delta wellen kommen auf
4: Tiefschlaf, ruhig

Phase 2: Augen Bewegung & Gehirnwellen werden langsamer

Abb. 29 Sleep well

Wake up! Grübeln verursacht Stress

● ●

„Grüble nicht, was möglich ist und was nicht. Tu, was du mit deinen Kräften zustande bringst – darauf kommt alles an." (Leo N. Tolstoi)

● ●

Die Arbeitswelt liefert eine Menge an Aufgaben, Deadlines und gesellschaftlichem Druck – Stress gehört für viele Menschen zum Arbeitsalltag. Aber wie kann es sein, dass manche Leute gleich viel zu tun haben wie andere, aber gut damit zurechtkommen und nicht im Stress untergehen?

Die Hauptursache für Stress liegt nicht in der Umgebung oder der Anzahl der Aufgaben, sondern in der Person selbst. Stress wird durch eigene Reaktionen verursacht. Um dies besser zu verstehen, hilft die Unterscheidung zwischen Stress und Druck. Druck geht von der Umwelt aus. Stress hingegen ist, wie man mit dem Druck gedanklich umgeht.

Reflexion versus Grübeln (Rumination)

Rumination ist ein mentaler Prozess, bei dem vergangene oder bevorstehende Geschehnisse gedanklich „durchgekaut" werden. Dieses Grübeln erzeugt ein chronisch gehobenes Niveau der Hormone Adrenalin und Kortisol. Ein daueraktiver Zustand und Nervosität sind die Folge.

Reflexion hingegen plant zwar auch die Zukunft und reflektiert Geschehenes, jedoch auf eine sich positiv auswirkende Art und Weise. Ohne zu planen würde man nicht funktionieren und nichts erreichen können. Planen und Reflektieren ist wichtig, jedoch sollte die Aufmerksamkeit immer wieder auf die Gegenwart gelenkt werden.

Quelle: Petrie (2014)

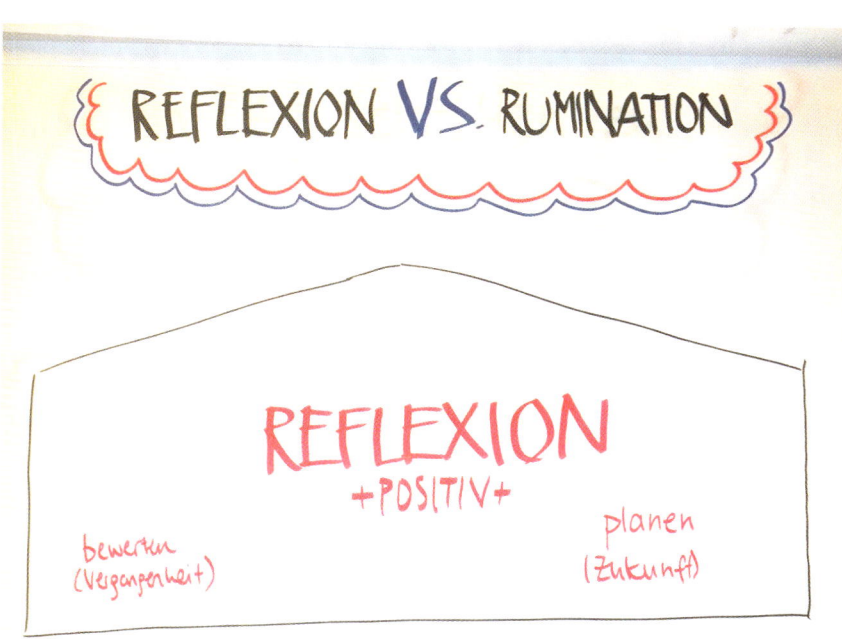

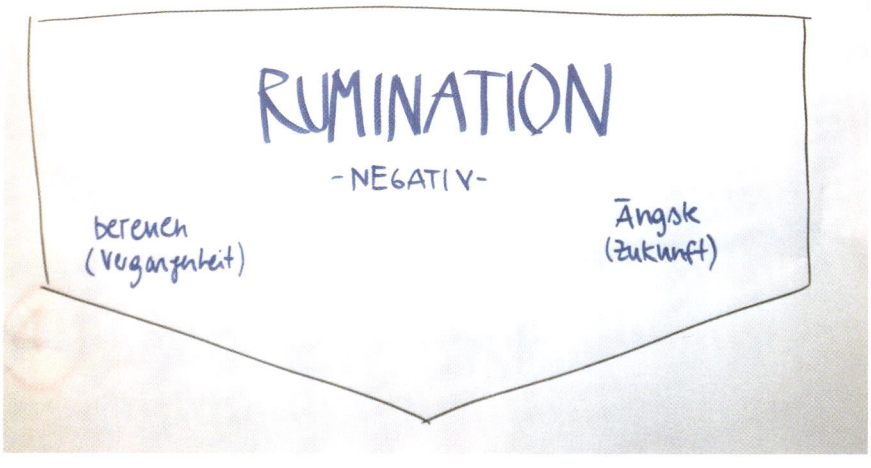

Abb. 30 Wake up

Stress am Arbeitsplatz und was Sie dagegen tun können

Empfehlungen an Führungskräfte für Maßnahmen am Arbeitsplatz:
→ Arbeitsbelastung reduzieren
→ Wahl- und Kontrollmöglichkeiten einbauen, Entscheidungsräume zulassen
→ Anerkennung und Belohnung schaffen und geben
→ Gemeinschaftssinn fördern
→ auf Fairness, Respekt und Gerechtigkeit achten
→ Arbeit als sinn- und wertvoll schätzen

Was Sie tun können, wenn Sie bemerken, dass Sie Burnout-gefährdet sind oder die beschriebenen Symptome bei sich erkennen:
→ Versuchen Sie zuerst, auf eigene Gefühle und Bedürfnisse zu hören und diese ernst zu nehmen.
→ Wenn Sie sich isoliert und einsam fühlen, aktivieren Sie vermehrt Freunde und Beziehungen, pflegen Sie Hobbys.
→ Überlegen Sie, was anders sein müsste, damit Ihr Leben für Sie befriedigender wäre.
→ Vermindern Sie den verstärkten Einsatz (Druck wegnehmen) und versuchen Sie herauszufinden, was Sie selbst von sich und was andere von Ihnen erwarten.
   Aber: Sie müssen es nicht alleine schaffen! Vielleicht suchen Sie sich einen Coach oder Therapeuten, der Sie unterstützt. Spätestens jedoch dann, wenn Sie schon tief in einem Burnout -Syndrom feststecken.
→ Bestehen Sie in allen Lebensbereichen auf Ihr persönliches Tempo und prüfen Sie, welche Aufgaben Sie delegieren können.
→ Vergessen Sie nicht, dass das tolle Gefühl, besser und belastbarer als die anderen zu sein, auf Dauer auf Ihre Kosten geht.
→ Setzen Sie Ihre Gesundheit und Ihr körperliches Wohlbefinden auf Ihrer Prioritätenliste wieder weiter nach oben.
→ Und behalten Sie – wenn möglich – Sinn für Humor.

Quelle: Maslach, Leiter (2001)

Abb. 31 Empfehlungen für Maßnahmen am Arbeitsplatz

Rahmenmodell Eigenverantwortung – Führungsverantwortung

Der „neue Kapitalismus" (Richard Sennett) erzeugt einen enormen Druck auf Unternehmen und Institutionen und deren Führungskräfte. Das kann nicht ohne Auswirkung auf die Mitarbeitenden bleiben. Mitarbeitende müssen sich behaupten und sich darum bemühen, dass der Rahmen ihrer Möglichkeiten durch diesen Druck nicht immer enger wird. Den eigenen Rahmen zu erhalten, auszufüllen und zu erweitern ist ein wichtiger Beitrag zur Arbeitszufriedenheit. Im Rahmen der Eigenverantwortung kann niemand außer Sie selbst wirksam werden im Hinblick auf

→ Gesundheitsvorsorge, Selbstfürsorge und lebenslanges Lernen.
→ Ihre Einstellung zur Arbeit.
→ Ihr Engagement und Ihren Beitrag zum Arbeitsklima.

Die Gestaltung der Rahmenbedingungen der Arbeit liegt hingegen in der Verantwortung der Führung. Ihr obliegt es, Arbeitsumstände so zu gestalten, dass Menschen danach streben, ihre Tätigkeit möglichst gut zu verrichten. Darunter fällt,

→ den Eigenwert der individuellen Arbeit zu gewährleisten,
→ eine klare Firmenpolitik zu entwerfen,
→ eine gute Administration zu gewährleisten,
→ transparente Information bereitzustellen und
→ für eine offene Kommunikation zu sorgen.

Führungskräfte tragen durch ihr Führungsverhalten direkt dazu bei, dass Mitarbeiter im Rahmen ihrer Möglichkeiten mit hoher Zufriedenheit ihre Arbeit bewältigen, indem sie

→ Erfolge ermöglichen und Leistung anerkennen,
→ inhaltliches und berufliches Fortkommen fördern,
→ größere Verantwortung zutrauen und übertragen,
→ herausfordernde Ziele setzen und
→ eine angemessene Entlohnung gewährleisten.

Und vor allem fair, unterstützend und wertschätzend mit Menschen umgehen.

Quelle: Bauer (2013)

Abb. 32 Eigenverantwortung – Führungsverantwortung im Rahmenmodell

Zürcher Ressourcen Modell (ZRM)®

• •

„Stellen Sie sich das Verhalten eines Organismus als die Darbietung eines Orchesterstückes vor, dessen Partitur während der Aufführung erfunden wird."
(António Rosa Damásio)

• •

Das ZRM® ist ein hochwirksames Selbstmotivations-System, das in vielen Lebensbereichen Anwendung findet: überall dort, wo es darum geht, aus einem realisierbaren Wunsch Wirklichkeit werden zu lassen. Ursprünglich von Frank Krause und Maja Storch entwickelt, verknüpft es neurobiologische Erkenntnisse mit Erkenntnissen aus der Motivationspsychologie. Es wird vom Institut für Selbstmanagement und Motivation Zürich intensiv beforscht und weiterentwickelt.

Das Gehirn als selbstorganisiertes System

Das menschliche Gehirn ist ein selbstorganisierendes, dynamisches System. Unter den Neurowissenschaftlern ist man sich heutzutage einig, dass Kompetenzen nicht von isolierten Zentren aus gesteuert werden, sondern durch „Systeme". Sie laufen durch mehrere miteinander verbundene Gehirnabschnitte.

Das Gehirn als Erfahrungsspeicher

Erfahrungen sind die Grundlage für die selbstorganisierten Prozesse des Gehirns. Zu den Erfahrungen allgemeiner Natur, die wir von unseren Vorfahren in die Wiege gelegt bekommen, kommen unsere eigenen Erfahrungen dazu. Das Wissen, das wir durch unsere Umwelt erwerben, wird im Gehirn kodiert. So passt sich das Verhalten individuell, dynamisch und spezifisch an.

Das Gedächtnis als emotionales Bewertungssystem

Wenn wir mit einer neuen Situation konfrontiert werden, wertet das limbische System blitzschnell (0,2 Millisekunden) aus, ob wir schon einmal eine ähnliche Erfahrung gemacht haben und ob sie positiv oder negativ abgespeichert wurde. Wenn dies der Fall ist, erleben wir die Antwort als Emotion. Positive und negative Erfahrungen werden in unterschiedlichen Gehirnregionen verarbeitet und bereitgehalten – auf das Unbewusste gibt es aber keinen direkten Wahrnehmungszugriff. Beim ZRM-Training besteht jedoch die Möglichkeit, mithilfe von Bewertungssignalen (somatische Marker) die Sprache des Unbewussten zu verstehen und sie miteinzubeziehen.

Quelle: Krause, Storch (2010)

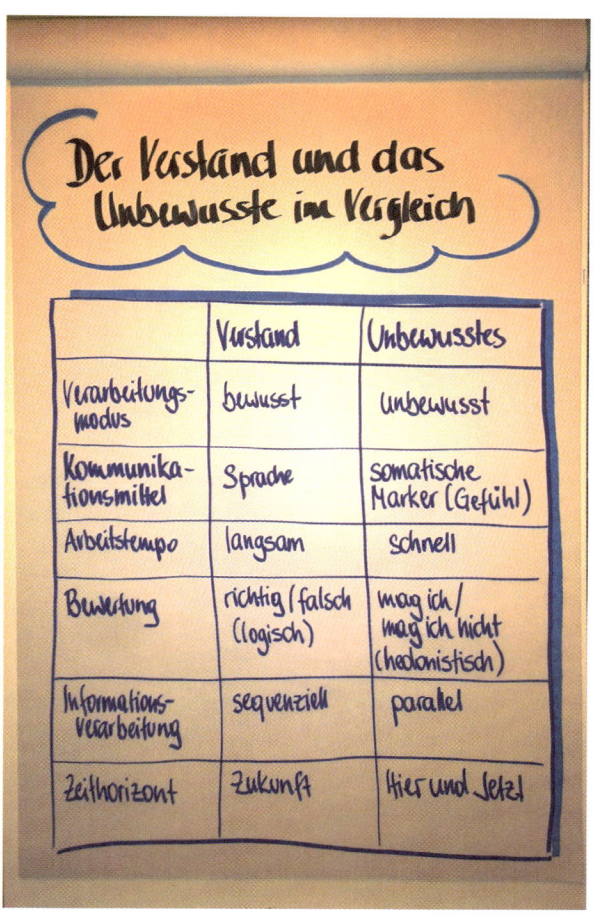

Abb. 33 Der Verstand und das Unbewusste im Vergleich

Das Rubikon-Modell

„Welche Karriere müssen Wünsche durchlaufen, damit sie effektiv in relative Handlungen umgesetzt werden können?" (Peter M. Gollwitzer)

Caesar stand am Fluss Rubikon, bevor er ihn mit dem Entschluss „alea iacta est" – der Würfel ist gefallen – unwiderruflich überschritt. Beim Rubikon-Modell in seiner ursprünglichen Form handelt es sich um ein Prozessmodell aus der Motivationspsychologie, mit dem ein Ziel realisiert werden kann. Es gibt einen Überblick über die verschiedenen Stadien, bis Sie soweit mobilisiert und motiviert sind, es entschlossen zu verfolgen und aktiv in Handlungen umzusetzen.

Das Modell im Detail

Das Bedürfnis: Bedürfnisse, Antriebe und Wünsche werden zu einem wesentlichen Teil vom limbischen System erzeugt, wo sich der Sitz des emotionalen Erfahrungsgedächtnisses befindet. Hier ist oft Unbewusstes gespeichert, das Sie mithilfe von Bildarbeit auf eine bewusste Ebene bringen können.

Das Motiv: Wenn das erste Reifestadium erfolgreich durchlaufen wurde, hat sich das Bedürfnis zum Motiv entwickelt: Das Kennzeichen dafür ist, dass es bewusst verfügbar ist und mitgeteilt werden kann. Danach wird der Rubikon überschritten. Voraussetzung: Die Motive widersprechen einander nicht. Hier ist Klärungsarbeit zu leisten.

Die Intention: Durch ein starkes positives Gefühl wurde der Wille gebildet. Sie haben nun die feste Absicht, Ihr Ziel in Handlung umzusetzen.

Die präaktionale Vorbereitung: Hier werden Vorbereitungen getroffen, die die Wahrscheinlichkeit erhöhen, dass die neue Intention, selbst im Zweifelsfall, in Handlung umgesetzt werden kann.

Die Handlung: Wenn nun eine Zielintention vorhanden ist, kann das zielrealisierende Handeln beginnen.

Auf den folgenden Seiten finden Sie ergänzende Informationen und Tools.

Quellen: Storch, Krause (2007, 2014)

Abb. 34 Rubikon

Handlungswirksam formulierte Ziele

„Ohne Ziele sind Handlungen undenkbar. Sie steuern den Einsatz der Fähigkeiten und Fertigkeiten von Menschen bei ihren Handlungen und richten ihre Vorstellungen und ihr Wissen auf die angestrebten Handlungsergebnisse hin aus." (Uwe Kleinbeck)

In der motivationspsychologischen Forschung wird die „Zielpsychologie" immer wichtiger, da Ziele einen wesentlichen Teil der Motivation ausmachen und somit einen großen Einfluss auf das Handeln haben.

S.M.A.R.T.-Ziele, Verhaltensziele

Sie stehen für spezifische, messbare, attraktive, relevante und terminierte Ziele. Im Gegensatz zu den „Do-your-best"-Zielen, die einen mit Sätzen wie „Sie müssen mehr Power bringen!" meist im Unklaren lassen, definieren S.M.A.R.T.-Ziele klare und machbare Vorgaben. Wenn Sie mit dieser Methode Erfolge erzielen möchten, sollten Sie auf folgende Kriterien achten:

→ Stellen Sie fest, ob die Art der Aufgabe für S.M.A.R.T.-Ziele geeignet ist. Es muss sich um einfach strukturierte, ergebnisorientierte Aufgaben handeln.
→ Die Person muss in dem Ziel einen Sinn sehen, sodass sie sich dem Ziel innerlich verpflichtet fühlt.
→ Es dürfen weder bewusste noch unbewusste Zielkonflikte bestehen.
Beispiel: Ich steigere meinen Umsatz im nächsten Jahr um 15 Prozent.

Julius Kuhl beschreibt, dass das Gehirn im rationalen, denkbetonten Funktionsmodus den positiven Affekt herabsetzt. Es ist nicht lustvoll, vernünftig zu sein. Zur Überquerung des Rubikons braucht man aber starke, willensbahnende positive Affekte mit positiven somatischen (körperlich spürbaren) Markern aus dem emotionalen Erfahrungsgedächtnis. Das Unbewusste wird durch bildhafte, schwelgerische Formulierungen an der Grenze zum Kitsch eher angeregt als durch trockene, realistische und konkrete Vorsätze.

Mottoziele oder Haltungsziele

Bei diesen Zielen geht es nicht um das messbare Ergebnis, sondern um eine Haltung, die situationsspezifisch oder situationsübergreifend zieldienlich wirkt. Kennzeichen von Mottozielen (Haltungszielen):

➜ Ein Mottoziel beschreibt eine Haltung.
➜ Es ist in der Gegenwart formuliert.
➜ Es benutzt eine bildhafte Sprache.

Beispiel: Ich gehe ruhig und selbstbewusst durchs Leben.

Ergebnisziele

Zusätzlich zu diesen beiden Zieltypen gibt es Ergebnisziele. Das sind Ziele, für die es gilt, zunächst auf der Haltungsebene mit Mottozielen einen starken Willen aufzubauen, bevor man auf der Verhaltensebene konkrete Pläne für die Umsetzung macht.

Beispiel: Ich möchte zehn Kilo abnehmen.

Quelle: Krause, Storch (2010, 2014)

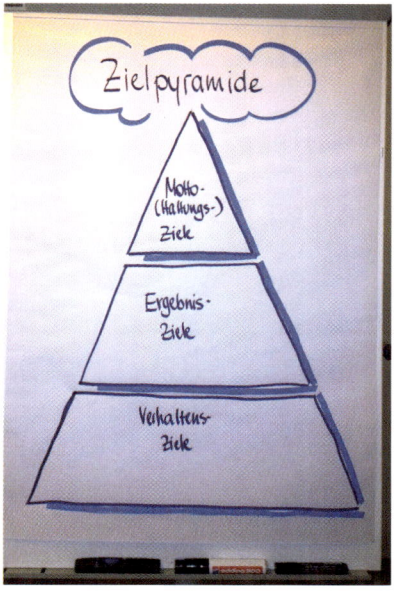

Bild 27 Zielpyramide

Methoden aus dem Zürcher Ressourcen Modell® – Bildwahl und Wunschelemente

Für den Zugang zu unbewussten Bedürfnissen und Motiven ist die Arbeit mit Bildern eine gute Möglichkeit. Mithilfe eines Entspannungstextes sollen die Teilnehmenden in Kontakt mit ihrer intuitiven Entscheidungsfähigkeit kommen und den bewussten Verstand „auf Pause schicken".

Bildwahl

Die Bilder werden vorher aufgelegt und wirken bereits beim Betreten des Raumes. Die Teilnehmenden wählen ein Bild, von dem sie sich angesprochen fühlen, die Wahl sollte nicht mit dem bewussten Verstand erfolgen.

Die Bilder werden NICHT aufgenommen. Wer ein Bild gefunden hat, setzt sich wieder hin. Vorbereitete Farbkopien stellen sicher, dass wirklich jede Person das Bild erhält, das sie ausgewählt hat. Im Coaching bewährt es sich, die Bilder in schneller Abfolge aufzublättern und die Coachees auswählen zu lassen, welches Bild sie anspricht.

Maja Storch bietet eine erprobte Bildkartei mit Anleitung an. Danach wird ein „Ideenkorb" (siehe Kapitel 3 „Methoden aus dem Zürcher Ressourcenpool – Der Ideenkorb") durchgeführt.

Wunschelemente

Vor allem bei der Arbeit mit Kindern, Jugendlichen oder Menschen, die keinen guten Zugang zu Bildern haben, ist die Methode der Wunschelemente eine Alternative.

Je nach Situation werden den Teilnehmenden Überbegriffe angeboten: von materiellen Dingen wie Autos zu Landschaften, Lieblingsbüchern, Film- oder Märchenfiguren. Der Liste können weitere Wunschelemente hinzugefügt werden. Die Teilnehmenden wählen aus der Liste drei Elemente. Danach findet eine Ideenkorbrunde statt: Die anderen können spontane Ideen oder Eigenschaften, die sie mit dem Wunschelement in Verbindung bringen, in den Ideenkorb legen. Hierbei ist wichtig, dass die Assoziationen der Hilfspersonen ressourcenorientiert sind. Sie sollen Möglichkeiten, Chancen oder Stärken betonen.

Quelle: Krause, Storch (2010, 2014)

Abb. 36 Arbeiten mit Bildern

Methoden aus dem Zürcher Ressourcen Modell® - Der Ressourcenpool

Neue Haltungsziele werden durch mehrere Ressourcen gestärkt. Die Bildung des neuen neuronalen Netzes wird damit unterstützt und das zielrealisierende Handeln erleichtert.

Was gehört in den Ressourcenpool?

→ Das **Haltungsziel** (Mottoziel) – ein wohlgeformter Text (kann nur wenige Worte umfassen oder auch länger sein), der ähnlich einem Mantra das Ziel verbal ausdrückt (eine Teilnehmende drückt mit „Ich bringe Nachmittagslicht in meine Räume" aus, dass es ihr darum geht, bereits Erarbeitetes stärker zu nutzen und dadurch Anstrengung zu reduzieren). (siehe Kapitel 3 „Handlungswirksam formulierte Ziele")

→ **Erinnerungshilfen** sind Elemente, die verschiedene Sinne anregen. Sie werden so platziert, dass das Gehirn unwillkürlich mit Impulsen für das gewünschte Ziel genährt wird. Dinge, Farben oder Gerüche können Erinnerungshilfen sein. Bewusst etabliert, setzen sie eine gedankliche Markierung.

→ Im **Embodiment** wird berücksichtigt, dass Körper und Gedanken sich gegenseitig beeinflussen. Im ZRM® werden zwei Bewegungsabfolgen entwickelt. Mit einem ausführlichen Bewegungsablauf kann das neuronale Netz wie in einer Trainingsroutine gestärkt werden. Ein kleiner, öffentlich nicht wahrnehmbarer Bewegungsablauf hilft in kritischen Situationen, zielrealisierendes Verhalten zu aktivieren. (Beispiel: Armbewegung, die wie Fensteröffnen aussieht im Stehen mit Einatmen, Unterarme auseinanderbewegen.)

→ **ABC-Situationen**
  – A-Situationen: Sie verhalten sich bereits zielrealisierend. Etablieren Sie ein Belohnungssystem.
  – Für B-Situationen gilt: üben! Bereiten Sie Situationen vor, die einen Schwierigkeitsgrad zwischen 40 bis 60 (von 0 bis 100) aufweisen und wählen Sie aus dem Ressourcenpool, was Sie brauchen (z.B. Erinnerungshilfen platzieren).

- In C-Situationen erfolgt eine unwillkürliche Reaktion nach altem Muster. Analysieren Sie, wie Sie schon frühe Signale erkennen können, und bereiten Sie sich darauf wie auf B-Situationen vor.

→ **Wenn-dann-Pläne:** Sie verbinden einen äußeren Anlass („wenn ich das Büro betrete …") mit einer „Dann"-Handlung („… dann nehme ich mir die ersten zehn Minuten für meine Tagesplanung").

→ **Soziale Ressourcen** sind Menschen, die mit dem Ziel vertraut gemacht werden und die generell oder in speziellen Situationen als Ressource zur Verfügung stehen (Gespräch, Anruf zur rechten Zeit, Blickkontakt).

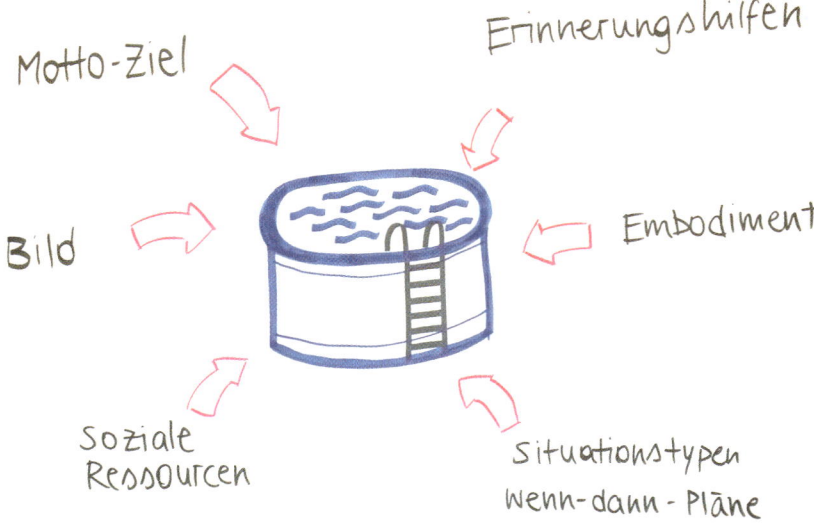

Abb. 37 Ressourcenpool

Methoden aus dem Zürcher Ressourcenpool - Der Ideenkorb

Material: Papier und Schreibgerät
Anzahl der Teilnehmenden: 2 – n
Dauer: 7 Minuten

Der Ideenkorb ist eine kleine, aber wirkungsvolle Methode, mit dem Ziel, die Ressourcen einer Gruppe zu nutzen. Die Metapher „Korb" dient dazu, der Tatsache Ausdruck zu verleihen, dass es der Person, um die es gerade geht (Hauptperson), gänzlich freisteht, Ideen daraus zu nehmen oder nicht. Die anderen stellen sich als Hilfspersonen (Person 2 bis n) zur Verfügung.

Ablauf und Spielregeln

Gruppen von ungefähr vier Personen werden durch Zufallswahl gebildet. Der Ideenkorb wird mithilfe eines Plakats erläutert.

Rollenverteilung
→ Hauptperson: soll gar nichts tun, außer zuzuhören und auf die somatischen Marker zu achten. Dies sind Signale, die unterhalb der Bewusstseinsschwelle arbeiten und als intensives Gefühl oder Körperempfindung wahrgenommen werden können.
→ Person 2: schreibt mit (leserlich für die Hauptperson) und nennt Assoziationen
→ Person 3: achtet auf die Zeit und nennt Assoziationen
→ Person 4 bis …: ist frei für das Nennen von Assoziationen

Wichtige Spielregel: Es dürfen ausschließlich ressourcenorientierte Beiträge gebracht werden. Beispiel beim Bild einer Mofa-Fahrerin: Freiheit, Fahrtwind, Spaß etc. und nicht: Ohne Sturzhelm ist es gefährlich. Nachdem gewählt wurde, versucht man mit den Teilnehmenden die **unbewusste** Motiv- und **Bedürfnislandschaft** zu erforschen.
  Machen Sie den Teilnehmenden bewusst, dass der Ideenkorb wie ein Brainstorming ablaufen sollte: Die Hilfspersonen füllen den Ideenkorb der

Hauptperson mit freien Assoziationen. Am Ende entscheidet nur die Hauptperson, welche Assoziationen herausgenommen werden. Keine Diskussion.
Quelle: Krause, Storch (2010)

Abb. 38 Ideenkorb

Timeline: Wo stehe ich gerade - Wo will ich hin?

Dies ist eine sehr einfache und zugleich wirkungsvolle Übung. Mit wenigen Strichen führen Sie sich selbst eindrucksvoll vor Augen, wie sich Ihre Zufriedenheit in den Bereichen „Leben" und „Beruf" entwickelt hat.

→ Zeichnen Sie eine waagrechte Linie als Zeitleiste. Bringen Sie eine Skala an, nach oben für Positives / Zufriedenheit / Wohlfühlen, nach unten für Negatives / Frustration / Enttäuschung.

→ Wählen Sie, wofür Sie die Lebenslinie zeichnen: das Leben insgesamt, die private Seite, den Beruf, die Firma oder anderes.

→ Wählen Sie einen geeigneten Zeitabschnitt, um Aufschlüsse über die Vergangenheit zu bekommen und ein Stück in die Zukunft blicken zu können, z.B. 15 Jahre zurück und drei Jahre nach vorne.

→ Gehen Sie in Gedanken die Jahre durch und zeichnen Sie dabei Ihre Lebenslinie, mit allen Höhen und Tiefen, bis heute.

→ Wagen Sie eine herausfordernde, aber realistische Prognose in die mittlere Zukunft.

→ Benennen Sie die Höhen und Tiefen der Lebenslinie mit einem Stichwort oder zeichnen Sie kleine Symbole.

Damit ist Ihre Lebenslinie fertig. Sie zeigt auf einen Blick Entwicklungen, den gegenwärtigen Zustand und die gewünschte Richtung für die Zukunft.

→ Besprechen Sie das Bild Ihrer Lebenslinie mit anderen aus Ihrem Umfeld oder in einer kleinen Gruppe im Seminar.

→ Überlegen Sie für jedes wichtige Ereignis (Höhen und Tiefen): Was hat es damals für mich bedeutet, was bedeutet es jetzt?

→ Lässt sich in der Lebenslinie eine bestimmte Tendenz oder Logik erkennen? Ist die Zukunftsbetrachtung eher eine Verlängerung des Bisherigen oder braucht es eine Wende?

Ein Höchstmaß an Wirksamkeit erzielen Sie durch tägliches Feedback an sich selbst. Dabei setzen Sie die beiden Leitfragen miteinander in Beziehung. „Was hat sich ereignet?" und „Wie ist es mir dabei ergangen?"

Für die Ereignisse eignet sich ein Fragebogen, z.B. Teile aus Kapitel 1 „Check yourself – wann macht Arbeit glücklich".

Für das Befinden beginnen Sie eine Timeline und schreiben die Kurve täglich weiter.

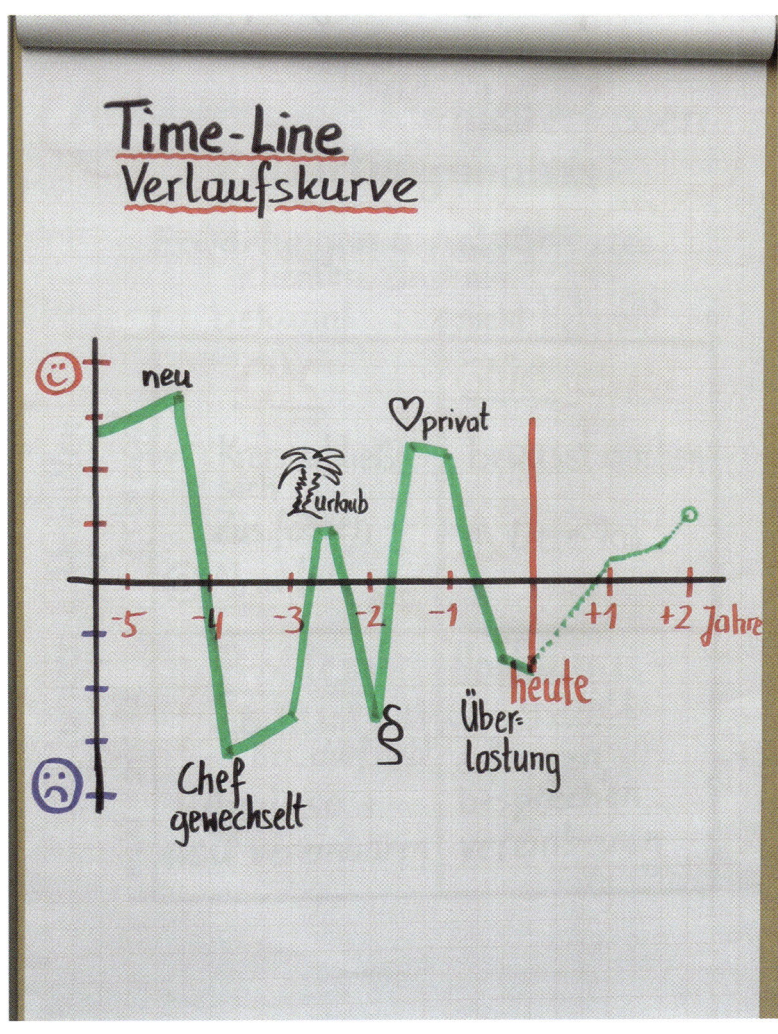

Abb. 39 Timeline

Kapitel 4

Der Weg – Wo setze ich am besten an?

Die Steigerung der Arbeitszufriedenheit kann durch Veränderungen im Verhalten, Erweiterung der Kompetenzen oder Neudefinition von Werten und Einstellungen gewonnen werden. Ein Blick in die Fundgrube des Selbstmanagements unterstützt die Arbeitsbewältigung, die Begegnung mit dem „inneren Schweinehund" wird den Widerstand gegen Veränderung verstehbar machen und Delfine zeigen, wie es ihnen gelingt, „oben" zu bleiben.

Oben bleiben – Mit der Delfin-Strategie gegen das Absacken

Viele unserer Seminarteilnehmer sagen, dass ihr Beruf an Lebendigkeit verloren hat, dass sie auf der Stelle treten und nur mehr wenig Freude empfinden.

Wir leiten sie dann an, über die vergangenen Jahre bis heute eine Berufszufriedenheitskurve („Fieberkurve") zu zeichnen. Der Kurvenverlauf ist bei der Mehrzahl verblüffend ähnlich: Die ersten Jahre nach dem Berufsstart oder einem Wechsel ist die Zufriedenheit hoch, die Arbeit ist herausfordernd, interessant und belebend. Bei jungen Berufstätigen kann die Zufriedenheitskurve auch lange oben bleiben. Beruflicher Aufstieg oder Wechsel, private Themen wie Freundeskreis, Familie, Wohnraum schaffen sowie interessante Hobbys bringen Belebung und Dynamik über einen Zeitraum von vielleicht 20 Jahren. Bei älteren Berufstätigen an einem neuen Arbeitsplatz dauert das Anfangshoch meist nur kurz. Danach ist in vielen Fällen folgendes Phänomen zu beobachten: Im menschlichen Empfinden gibt es keine gerade Linie, es sind immer Wellen aus „ups and downs". Aber mit zunehmendem Aufenthalt an einem Arbeitsplatz wiegen die „ups" die „downs" nicht mehr auf – in Summe sinkt die Kurve und im besseren Fall „dümpelt" sie im leicht positiven Bereich herum. Warum ist das so?

Nach einer Anfangseuphorie mit Neuem und Interessantem wird vieles zur Routine und Grenzen werden sichtbar. Selbstverständlich gibt es Erfolgserlebnisse und Anerkennung, aber auch Enttäuschungen, Einschränkungen, Ungerechtigkeiten, wenig Lob und viel Gleichgültigkeit. Das Problem dabei ist: Die frustrierenden Erlebnisse wiegen viel stärker als die freudigen. Fünf bis zehn Mal Freude zu erleben ist erforderlich, um eine einzige Frustration auszugleichen! (Gottman-Konstante)

Wie lässt sich dagegen ansteuern? Frustrationsquellen meiden und beizeiten und kontinuierlich positive Akzente setzen! Schauen wir, wie es die Delfine machen: Sie lassen sich von einer Welle nach oben treiben. Aber jede Welle bricht – wie in der Berufsverlaufskurve Zufriedenheit und Motivation einbrechen. Ein Delfin lässt sich aber von der Welle nicht hinabdrücken, er springt rechtzeitig auf den Rücken der nächsten Welle und lässt sich wieder nach oben tragen.

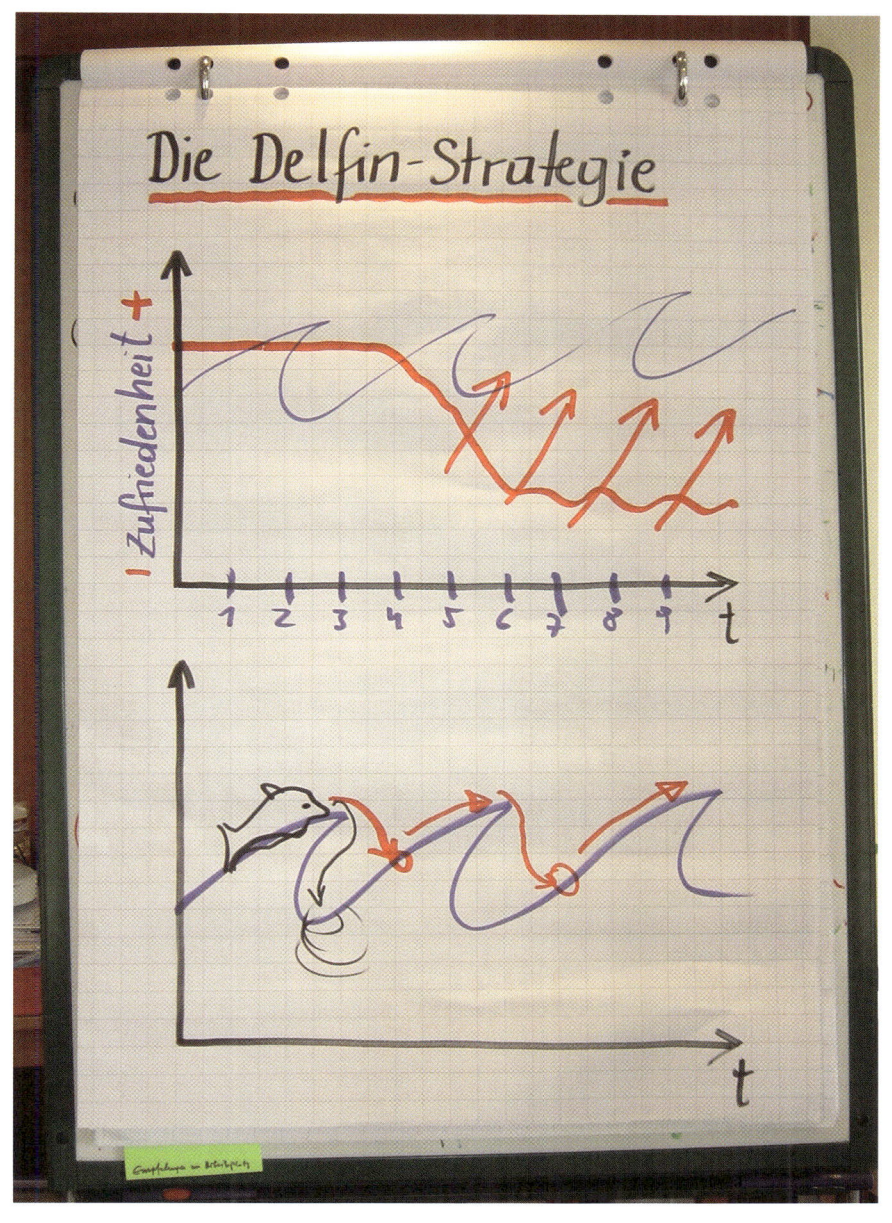

Abb. 40 Delfin-Strategie

107

Wie halte ich mich auf Dauer bei Laune und Gesundheit? - Den Zauber des Anfangs bewahren

Hier geht es um Selbstmotivation, die auf Dauer angelegt ist. Wie erreiche und halte ich ein gewünschtes Niveau an Zufriedenheit? Dafür gibt es keinen Knopf, den man drücken kann, und auch keine Arznei. Wie schafft man es, „oben" zu bleiben, wie die Delfine es vormachen?

Wir adaptieren dazu eine Idee, die auf Sigmund Freud zurückgeht. Nach Freud wird der Mensch nicht aufgrund einer einzigen Ursache krank. Vielmehr ist ein komplexes Wechselspiel von Faktoren ausschlaggebend dafür, dass eine Krankheit ausbricht: Veranlagung, Ernährung, Beziehungen, Beruf, Lebensstil usw. Freud nennt dieses Zusammenspiel mehrerer Faktoren „Ergänzungsreihe".

Machen wir uns diesen Gedanken für unsere Berufsmotivation zunutze. Wir brauchen eine Ergänzungsreihe aus mehreren zusammenpassenden Maßnahmen, um beruflich auf Dauer bei Laune zu bleiben.

So nehmen Sie Ihre Zukunft selbst in die Hand:

Tragen Sie das Ausmaß Ihrer Arbeitszufriedenheit auf der senkrechten Achse ein – für heute und für Ihr Ziel in zum Beispiel sechs Monaten. Wählen Sie eine Handvoll passender Maßnahmen aus, die Ihrem Ziel nach Effektivität, Effizienz, Eigenständigkeit und Eingebundensein entsprechen. Die gewählten Maßnahmen sollen mit etwas Anstrengung und Konsequenz umzusetzen sein. Solche Maßnahmen können sein:

➜ Sich immer wieder herausfordernde Ziele setzen
➜ Probleme und Störungen ansprechen
➜ Weniger oft Ja sagen
➜ An der eigenen Einstellung arbeiten
➜ Zeit für die wichtigen Dinge schaffen (Pareto, Eisenhower)

Achtung: Es dauert mindestens 21 Tage, bis Sie sich an die neuen Maßnahmen gewöhnt haben – also durchhalten und sich täglich freuen, wenn Sie darin erfolgreich waren!

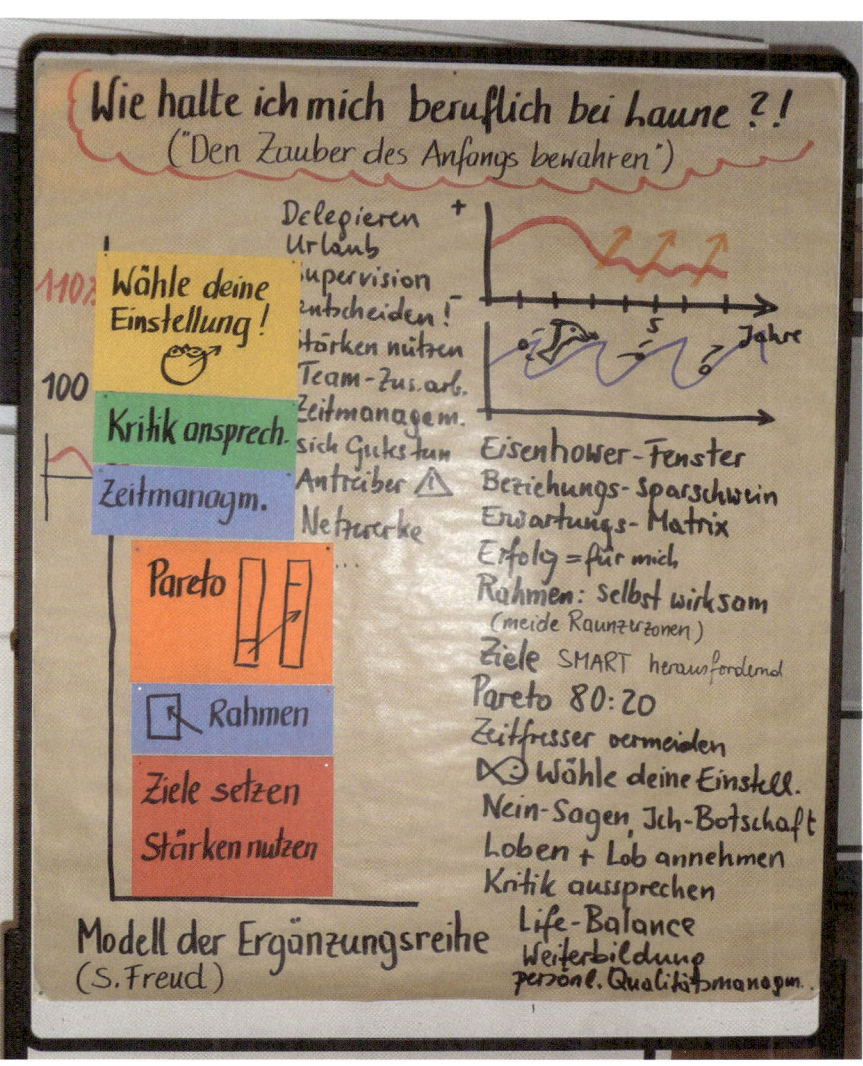

Abb. 41 Erst mehrere Maßnahmen im Zusammenspiel bewirken eine Steigerung der Arbeitszufriedenheit.

Veränderungen

Veränderung um ihrer selbst willen kann nicht das Ziel sein, aber Tatsache ist: Veränderungen finden ständig rund um uns herum statt. „Panta rhei" – Alles fließt! Daraus entsteht ein gewisser Anpassungsdruck. Zufriedener und motivierter im Job bleiben Sie, wenn Sie selbst aktiv im Veränderungsprozess mitwirken oder ihn sogar steuern.

Als profundes Handwerkszeug empfiehlt sich das Vorgehen im Dreischritt:

1. **Der IST-Zustand:** Schauen Sie aus einer Metaposition auf die Situation: Was ist gut, was können Sie, wo sind Schwächen, welche Kräfte wirken, welche Ressourcen gibt es, wo sind Partner, was muss bleiben, …? Schaffen Sie eine gemeinsame Sicht der Situation und einigen Sie sich auf die Tatsache der Veränderungsnotwendigkeit. Würdigen Sie Bestehendes.

2. **Der SOLL-Zustand:** Fangen Sie damit an, die erwünschte Zukunft zu beschreiben. Verbildlichen Sie das Ziel in Ihrem Kopf. Verzichten Sie dabei auf sofortige Lösungsdiskussionen.
   Wie schaut eine realistische, lebensfähige Zukunft aus? Was daran ist attraktiv? Wo sind die Vorteile, für wen? Was gefällt daran, was macht Sorgen? Nicht nur Kennzahlen, sondern ein Sinnerlebnis soll die Triebkraft sein. Und: Worum geht es eigentlich? Thematisieren Sie auch, was zu Ende geht.

3. **Schritte – WEGE – Prozesse:** Was ist zu tun? Welche Entscheidungen müssen getroffen werden? Welche personellen, materiellen und finanziellen Ressourcen müssen vorgesorgt werden? Wer muss eingebunden, gewonnen werden? Was kann eigenständig geschehen, was muss begleitet werden? Wo ist Platz für Kurskorrekturen? Wie kann dem Abschied von Bewährtem Platz gegeben werden?

Achtung: Sie arbeiten immer mit Menschen: Jemanden zu gewinnen hat Vorrang vor Anordnen!
Quelle: Höfler (2013)

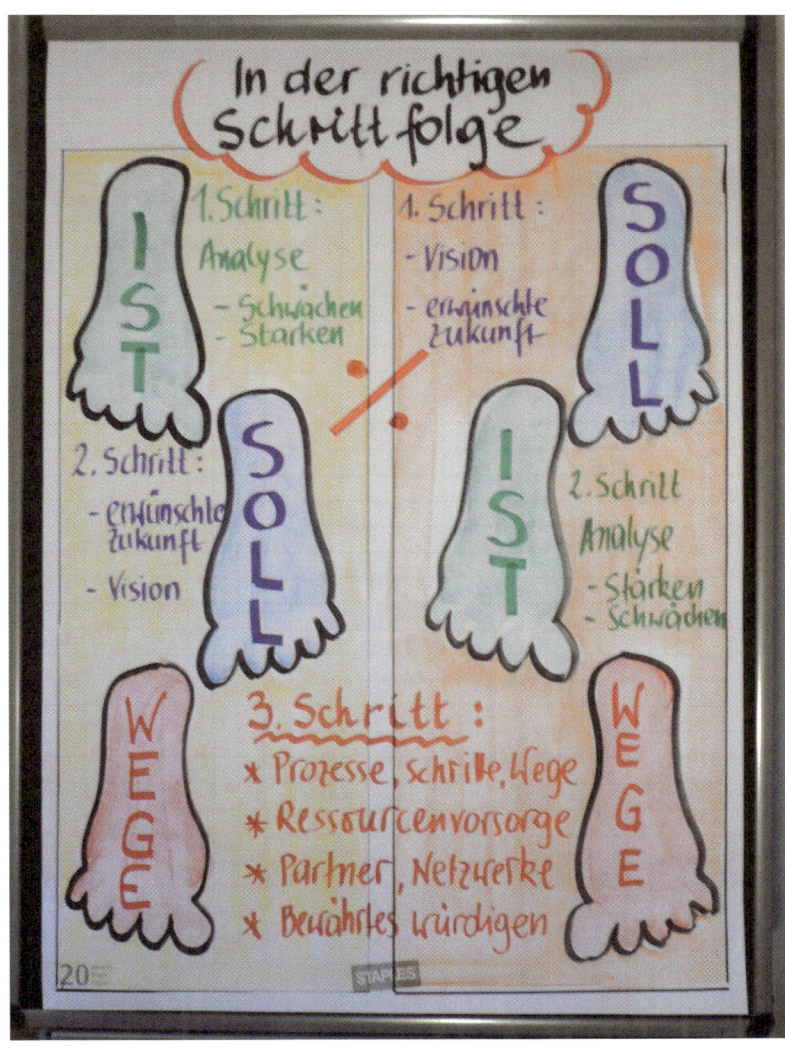

Abb. 42 Veränderungen in der richtigen Schrittfolge

Zeitfresser und Störenfriede

· ·

Wenn Du Dich von jedem Hund, der Dir begegnet, anbellen lässt, wirst Du nie ankommen! (Arabisches Sprichwort)

· ·

Wer kennt das nicht: Sie arbeiten sich in ein Thema ein, sind dabei, einen Gedanken zu entwickeln, nehmen gerade alle Verzweigungen eines Problems wieder auf, haben sich richtig angereichert mit den entscheidenden Fragen – eine neue SMS-Mitteilung, das Telefon läutet, die Sekretärin braucht eine Unterschrift, der liebe Kollege wollte „nur schnell vorbeischauen". Und Sie können mühevoll wieder von vorne anfangen. Bei jeder Unterbrechung geht Leistungsfähigkeit verloren, jede Störung zieht einen Leistungsabfall nach sich. Bis Sie dann nach einigen Störungen oder Unterbrechungen die Arbeit abbrechen, um sie „später", „nach Dienst" oder „daheim" zu erledigen.

Mit den folgenden Maßnahmen gewinnen Sie mehr Zufriedenheit und Motivation im Job:

→ Nehmen Sie wahr, welche Unterbrechungen notwendig sind und deshalb akzeptiert werden müssen und welche verhindert werden könnten.

→ Selbstbestimmte Menschen zeichnen sich dadurch aus, dass sie eben nicht immer für alle erreichbar sind. Klare Regelungen für die telefonische und reale Erreichbarkeit sind äußerst hilfreich. Hier sind Sie aber auch selbst gefordert: Mobiltelefon und PC haben einen Knopf, den darf man auch zum vorübergehenden Ausschalten der Geräte benutzen.

→ Definieren Sie Zeiten, in denen Ihre Bürotür offen ist und zu Kontakt einlädt. Wenn Sie nicht gestört werden wollen, schließen Sie sie.

→ Sagen Sie deutlich Nein, wenn Sie keine Zeit haben. Mit einer kurzen Begründung frustrieren Sie damit auch niemanden.

Abb. 43 Zeitfresser und Störenfriede

Das Pareto-Prinzip

„Viele versäumen Wichtiges in ihrem Leben, weil es ihnen ungeheuer wichtig ist, nichts zu versäumen." (Ernst Ferstl)

Bereits 1897 hat der italienische Wirtschaftssoziologe Vilfredo Pareto die 20 : 80-Regel durch Beobachtung abgeleitet und wissenschaftlich fundiert vorgestellt:

➜ 80 Prozent der Ergebnisse werden mit 20 Prozent des Aufwands erreicht.
➜ Zur Erreichung der restlichen 20 Prozent der Ergebnisse sind jedoch 80 Prozent Aufwand und Einsatz nötig.

20 Prozent der Anstrengung	80 Prozent der Ergebnisse
20 Prozent des Aufwands	80 Prozent des Ertrags
20 Prozent eines Buches	80 Prozent der Information
20 Prozent der Kunden	80 Prozent des Umsatzes
20 Prozent der Produktfehler	80 Prozent der Beschwerden

Die 20 : 80-Regel lässt sich auf viele Arbeitsfelder und Aufgaben anwenden.

Gerade im operativen Tagesgeschäft verbeißen wir uns mit großer Anstrengung in Dinge, bei denen die Frage berechtigt ist, ob sich der Aufwand tatsächlich lohnt. Natürlich gibt es Aufgaben, die ein hundertprozentig perfektes Ergebnis fordern. Aber ist das bei allen Ihren Aufgaben wirklich unumgänglich? Nehmen Sie die 20 : 80-Regel als Bild dafür, dass oft mit geringem Aufwand ausreichend gute Ergebnisse erzielt werden können. Paretos Erkenntnis lässt sich dann besonders nützen, wenn man durch Routine eine Strategie für die Auswahl der wesentlichen 20 Prozent und das richtige Vorgehen entwickelt hat.

Fragen Sie sich daher, ob Ihre Genauigkeit nicht schon in Perfektionismus, Ihre Gewissenhaftigkeit nicht schon in Pedanterie umschlägt. Lesen Sie Ihren Projektvorschlag nur zwei- und nicht zehnmal durch, zwei kräftige

Argumente zeigen mehr Wirkung als die Überladung mit zehn. Konzentrieren Sie sich auf die wirklich wichtigen Aufgaben und packen Sie diese zuerst an. Eine Methode, Wichtiges von Unwichtigem zu unterscheiden, lernen Sie im Folgenden kennen.

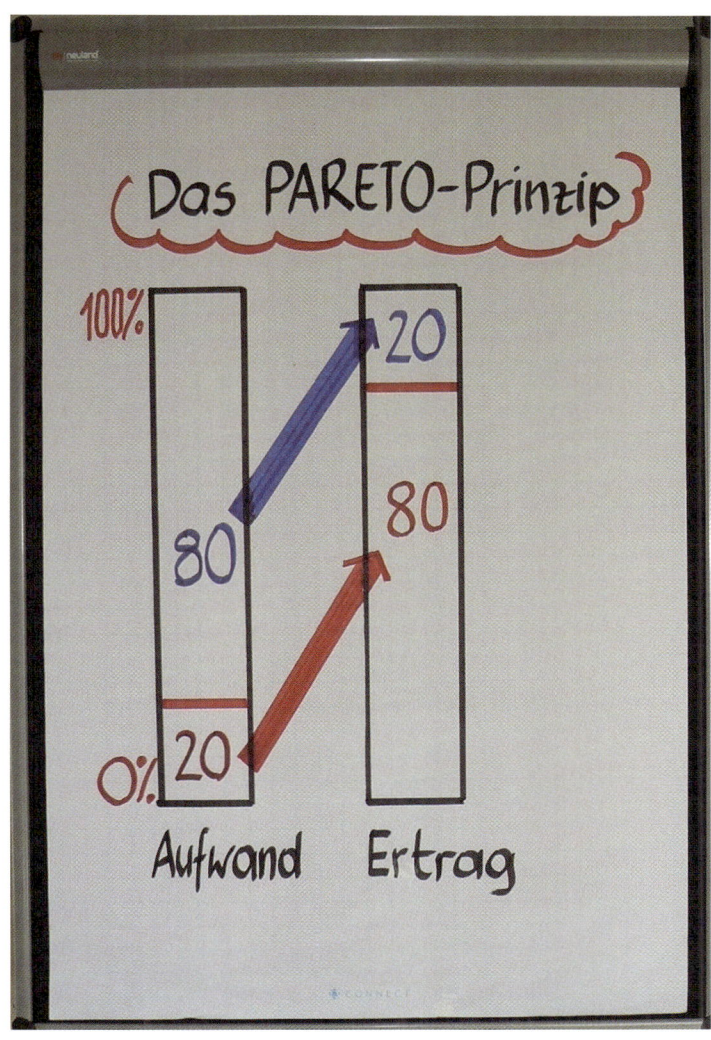

Abb. 44 Das Pareto-Prinzip

Prioritäten setzen - Die Eisenhower-Methode

Die Kunst, Wesentliches von Unwesentlichem zu unterscheiden, ist ein Erfolgsfaktor für die Bewältigung der tagtäglichen Anforderungen. Dabei hilft eine Methode des Arbeits- und Zeitmanagements, die ihren Namen von einem ehemaligen US-Präsidenten hat. Er hat sein Arbeitspensum nach diesem Schema organisiert.

Die Methode besticht durch ihre Einfachheit. Mit ihrer Hilfe können Sie anstehende Aufgaben nach Wichtigkeit und Dringlichkeit ordnen. Durch diese Prioritätensetzung schaffen Sie die Voraussetzung für Ihre Entscheidung, ob Sie eine Aufgabe sofort, später oder gar nicht bearbeiten werden.

→ **Dringend und wichtig:** Packen Sie sofort an und erledigen Sie diese Aufgaben selbst. „Management by sofort" ist äußerst effektiv, aber Achtung: zu starker Termindruck, Überbelastung und Überforderung sind eine Gefahr.

→ **Wichtig, aber nicht dringend:** Nehmen Sie diese Aufgaben fest in ihre Zeitplanung auf – setzen Sie sich Termine. Visionen zulassen, Leitbilder entwickeln, große Projekte durchdenken, Beziehungen pflegen, persönliche Entwicklung und Weiterbildung sind die „Chefsachen", die zwar als wichtig erkannt werden, im Tagesgeschäft aber oft verloren gehen. Die Erledigung dieser Aufgaben motiviert und stiftet Sinn.

→ **Dringend, aber nicht wichtig:** Das sollte jemand anderer erledigen, delegieren Sie und schauen Sie, dass Sie diese Belastungen loswerden.

→ **Weder dringend noch wichtig:** Das sind Aufgaben für den Papierkorb, lassen Sie die Finger davon.

Quelle: Graf-Götz (2001)

Abb. 45 Das Eisenhower-Fenster

Der innere Schweinehund – Ein Begleiter auf dem Weg vom Wunsch zum Ergebnis

Wer in der Umsetzung von Vorhaben nicht recht weiterkommt, redet sich gerne auf den „inneren Schweinehund" raus. Was ist das für ein Wesen und wie funktioniert es?

Stefan Frädrich und der Illustrator Timo Wuerz haben „Günter, dem inneren Schweinehund" ein literarisches Denkmal gesetzt: 15 Bände mit insgesamt einer Million verkaufter Exemplare sind bereits erschienen.

Jedes Mal, wenn ein Mensch sich anschickt, ein Vorhaben in die Tat umzusetzen, baut sich innerer Widerstand auf. Wer zu einer Wanderung aufbricht, kennt neben der Vorfreude auch die Zweifel, ob sich die Anstrengung lohnt. Wer eine liebgewonnene Gewohnheit ändern möchte, muss eine Zeitlang gegen das alte Muster ankämpfen. So wird der innere Schweinehund oft als Hindernis erlebt, genauer betrachtet ist er aber vielmehr ein innerer Prüfstein, ja sogar ein Freund.

Das Modell der Lern- bzw. Entwicklungszonen beschreibt die Funktionsweise des inneren Schweinehundes. Normalerweise sitzen wir in der Komfortzone. Hier sind uns die Abläufe vertraut, wir kennen uns aus und fühlen uns sicher. Wer aber zu lange in der Komfortzone verharrt, verpasst den Anschluss an Entwicklungen. Kann sein, dass es in der Komfortzone bereits ungemütlich geworden ist, weil wir mit den gewohnten Mustern die Aufgaben nicht mehr schaffen. Oder die Neugier (Trieb) und der Erlebnishunger im Menschen werden aktiv, um Neues zu lernen und persönlich weiterzukommen.

Aber bevor jemand die Schwelle zur „Lernzone" überschreiten kann, melden sich Widerstände. Der innere Schweinehund ist aufgewacht und fragt: „Wozu diese Anstrengung?" Wir sind gefordert, mit dem inneren Schweinehund in einen Dialog zu treten und zu verhandeln. Wir müssen „glaubhaft" erklären können, warum wir die bequeme Gewohnheit aufgeben und Anstrengungen auf uns nehmen, um einen neuen, besseren Zustand zu erreichen.

Dabei meint es unser innerer Schweinehund gut mit uns:

→ Er hält uns davon ab, unbedacht jeder Neuerung hinterher zu laufen.
→ Er hält uns an zu prüfen, ob das neue Ziel attraktiv genug ist und die Anstrengung rechtfertigt.
→ Er warnt uns davor, Veränderungen zu rasch anzugehen, sodass ein Scheitern vorprogrammiert wäre.

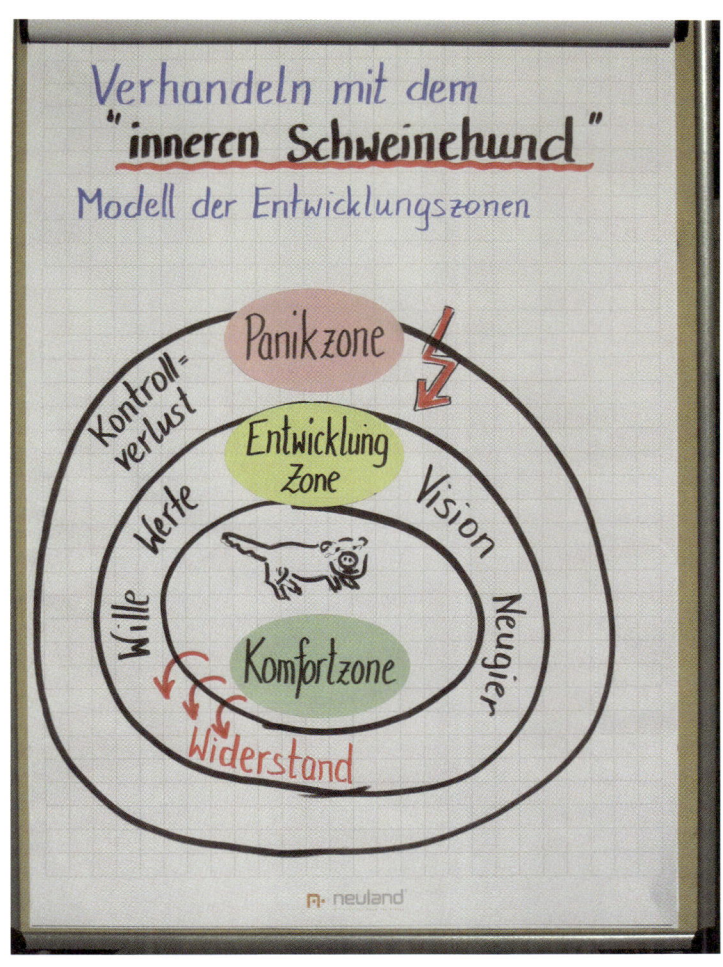

Abb. 46 Verhandeln mit dem inneren Schweinehund

Smart Work: Erfolge in angemessener Zeit

Die Sache auf den Punkt bringen! Wer die eigene berufliche Situation schildert, berichtet Positives und Belastendes, Allgemeines und Details, Beschreibungen und Erlebnisse. Die Bewertung ist oft von der Tagesverfassung abhängig.

Aber wie sieht die berufliche Situation nun wirklich aus – vereinfacht, aber klar dargelegt? Denken Sie an Ihre Arbeit und tragen Sie einen Punkt dort ein, wo Ihr getätigter Zeitaufwand sich mit Ihrer empfundenen Zufriedenheit trifft!

Anregungen zur Auswertung

→ Unterhalb der Diagonale ist das Verhältnis ungünstig, oberhalb günstig, das heißt der getätigte Aufwand schafft ausreichende Zufriedenheit.
→ Zufriedenheitswerte zwischen 9 und 10 erfordern oft einen hohen Aufwand. Zahlt sich dieser aus?
→ Zeitaufwand zwischen 8 und 10: Beansprucht mich die Arbeit zu sehr? Arbeite ich am Limit?
→ Stimmt für mich die Bilanz von Aufwand und Ergebnis?

Wenn Sie etwas ändern möchten, tragen Sie einen zweiten Punkt ein. Vor jeder Handlung steht ein Entschluss! Mit dem zweiten Punkt setzen Sie sich ein Ziel: realistisch, mit eigener Anstrengung erreichbar und innerhalb eines überschaubaren Zeitraums, z.B. sechs Monate.

Auf Ihrem Bild sehen Sie nun die zwei Punkte und den Weg dazwischen, der von einer ungünstigen Ausgangssituation zu einem weniger belasteten, leichter zu bewältigenden, Motivation und Freude ausstrahlenden Zielzustand führt. Nehmen Sie sich eine Handvoll Maßnahmen vor, die Sie dann konsequent durchhalten, und genießen Sie jede kleine Bewegung in die richtige Richtung.

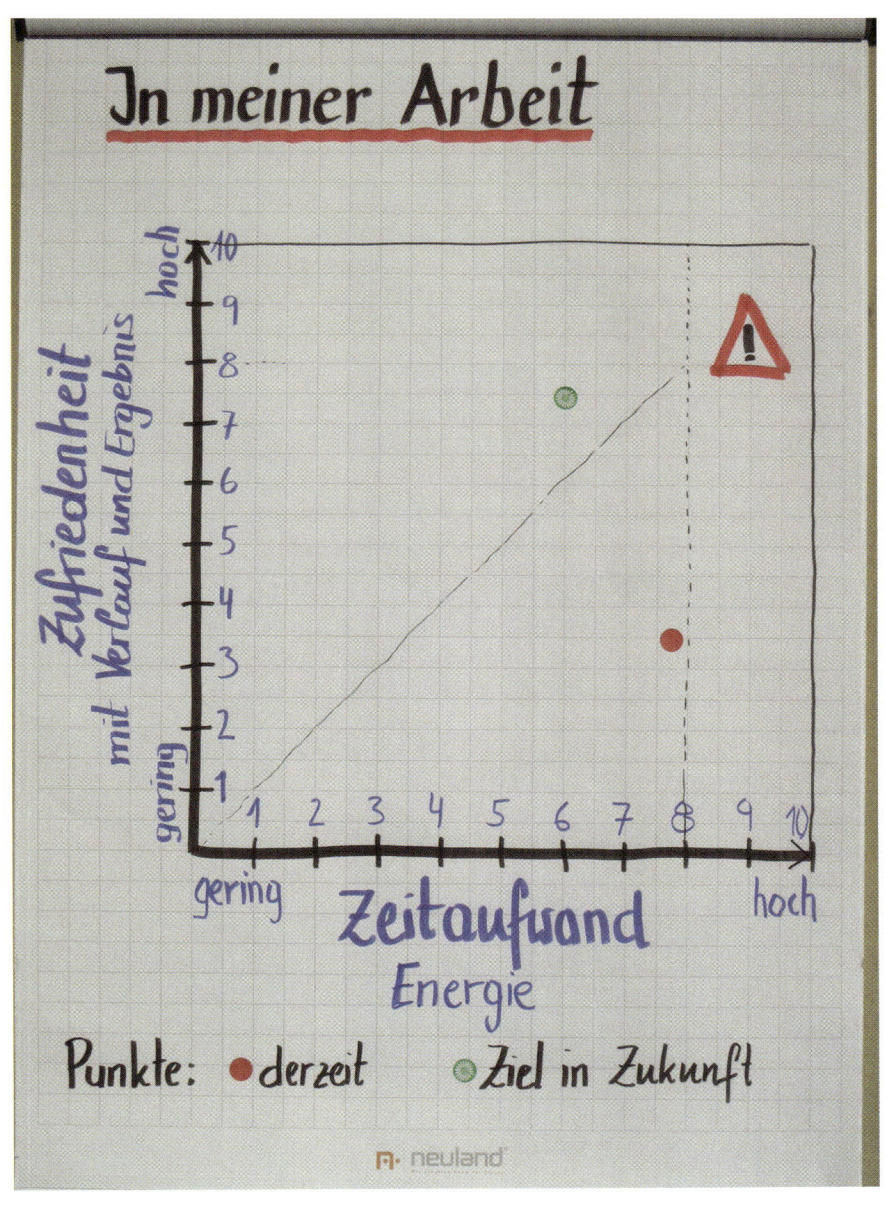

Abb. 47 In meiner Arbeit

Brain @ Work - Intelligente Arbeitseinteilung: Wie man unter Druck gelassen bleibt

Druck in der Arbeit kann schnell in eine Sackgasse der Verzweiflung führen. Wenn viele Aufgaben gleichzeitig erledigt werden sollen, stößt unser Gehirn an seine Grenzen. Es gibt jedoch Möglichkeiten, unsere geistigen Energiereserven intelligenter einzusetzen, um auch mit anspruchsvollen Aufgaben fertig zu werden. Fünf Funktionen machen den Großteil unserer Gedanken aus: Verstehen, Entscheiden, Erinnern, Abspeichern und Zurückdrängen von Gedanken. Diese werden immer wieder neu kombiniert.

Als Metapher für die Aufmerksamkeit kann man sich eine Bühne vorstellen. Die Schauspieler, die von der Seite auf die Bühne treten, sind Symbol für die Informationen, die von der äußeren Welt auf uns einwirken. Die frontal aus dem Publikum auf die Bühne kletternden Schauspieler repräsentieren unsere Gedanken, Erinnerungen und all das, was aus unserem Inneren kommt. Versuchen Sie, in der Regiearbeit aktiv zu gestalten, was auf Ihrer Bühne geschieht!

→ Benutzen Sie Bilder! Das verbraucht wesentlich weniger Energie, als sich ein Ereignis in Worten zu merken.

→ Erkennen, verstehen und tolerieren Sie Ihre Grenzen.

→ Nehmen Sie bewusstes Nachdenken und Entscheiden als kostbar wahr – erledigen Sie die Aufgaben, die am meisten Aufmerksamkeit beanspruchen, in einer Zeit, in der Ihr Geist frisch und aufnahmefähig ist.

→ Teilen Sie Ihren Arbeitsplan in Zeitabschnitte mit ähnlichen Denkmustern ein (z.B. Telefonate zusammenfassen, Besprechung, Konzeption).

→ Vermeiden Sie äußere Ablenkungen für eine bessere Konzentration (z.B. E-Mail-Eingangs-Signal abstellen)

→ Stellen Sie sich darauf ein, dass Ihre Erwartungen nicht immer erfüllt werden.

Quelle: Rock (2011)

Bühne der Aufmerksamkeit

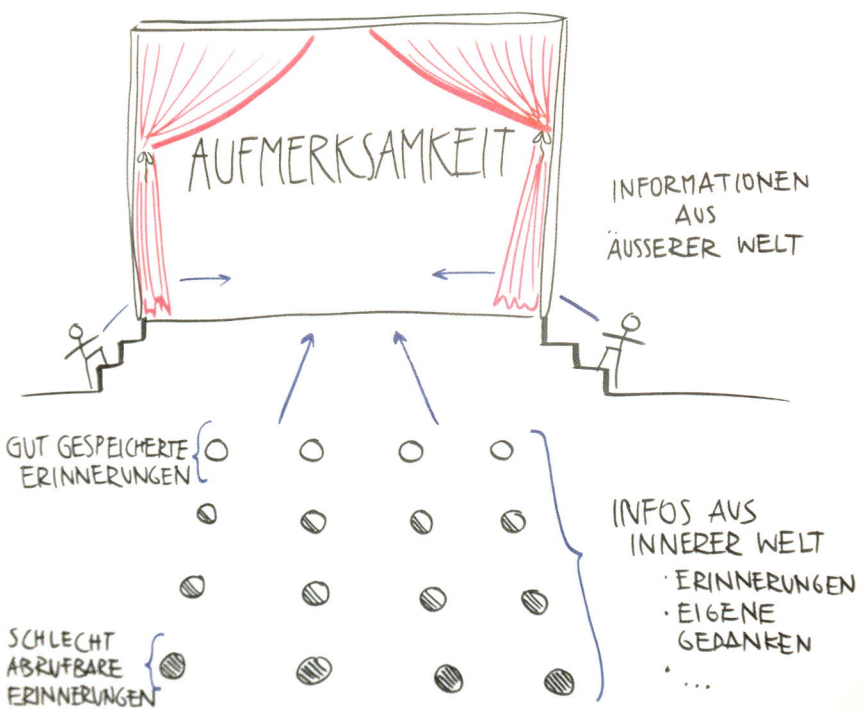

Abb. 48 Bühne der Aufmerksamkeit

Kapitel 5

Resilienz – Konstruktiv mit Krisen umgehen

Die Fähigkeit von Menschen, Krisen im Lebenszyklus zu meistern und sie als Anlass für Entwicklung zu nutzen, wird als Resilienz bezeichnet. Resiliente Menschen können auf ein Bündel von persönlichen und sozial vermittelten Ressourcen zurückgreifen. Resilienz ist in jedem Alter entwickelbar. Die Darstellung der sieben Resilienzfaktoren lädt zur Begegnung mit dem Resilienzkonzept und zur persönlichen Nutzung ein.

Resilienz - „Seelische Wetterfestigkeit"

Für eine gelungene Lebens- und Arbeitsgestaltung ist es existenziell wichtig zu lernen, mit Krisen konstruktiv umzugehen und eine Art „seelische Teflonschicht" gegen Widrigkeiten des Daseins aufzubauen.

Der Begriff Resilienz wird mit „abprallen", „wegspringen" (lat. „resilere"), „Strapazierfähigkeit", „Widerstandsfähigkeit", „Spannkraft" und „Elastizität" (engl. „resilience") übersetzt. Ursprünglich kommt der Begriff aus der Technik und charakterisiert Materialien, die nach einem schweren Schlag elastisch reagieren und ihre ursprüngliche Form wieder annehmen. Eine Fabel des griechischen Dichters Aesop (um 550 v. Chr.) verdeutlicht, was Resilienz ausmacht:

Eine Eiche und ein Schilfrohr stritten darüber, wer von ihnen der stärkere sei. Als ein heftiger Sturm aufkam, beugte und wiegte sich das Schilfrohr im Wind. Die Eiche aber blieb aufrecht stehen – und wurde entwurzelt.

Bezogen auf die Arbeitswelt bedeutet Resilienz: Wir reden nicht nur davon, was wir gegen Krisen unternehmen können, sondern auch davon, wie wir uns mit einer dauerhaften Krisenstimmung „elastisch" arrangieren.

So könnte man Resilienz wie folgt definieren: „Unter Resilienz wird die Fähigkeit von Menschen verstanden, Krisen im Lebenszyklus, unter Rückgriff auf persönliche und sozial vermittelte Ressourcen, zu meistern und als Anlass für Entwicklung zu nutzen." (Welter-Enderlin, 2006)

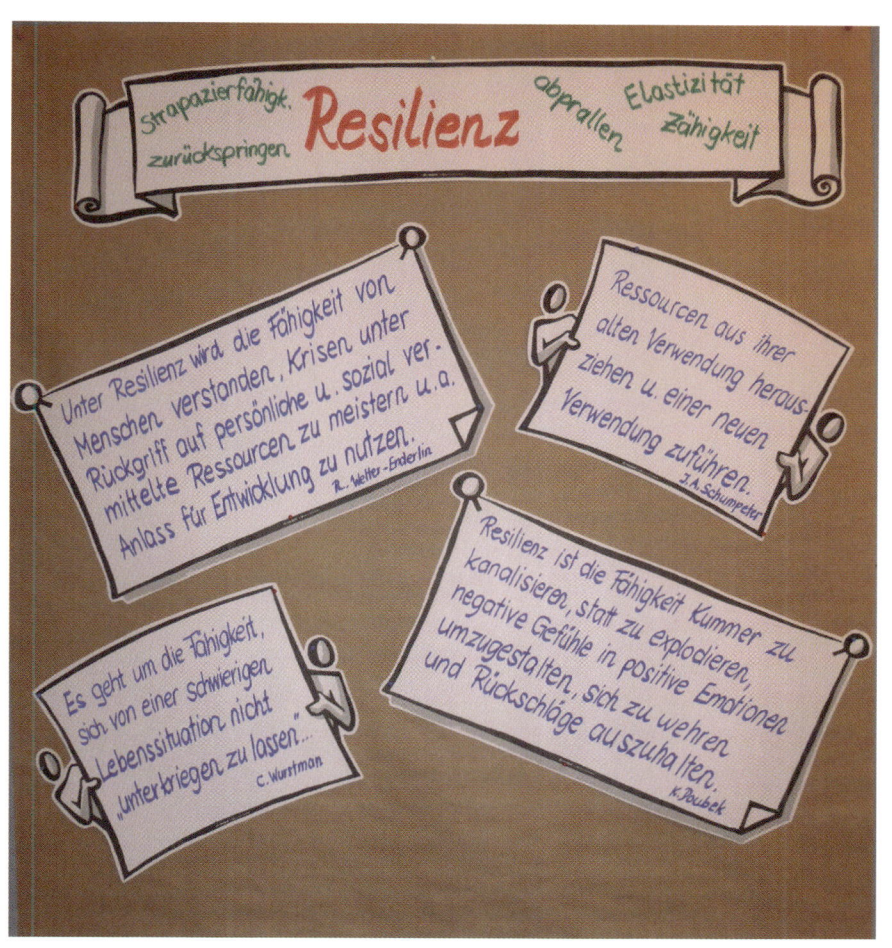

Abb. 49 Resilienz – Seelische Wetterfestigkeit

Die sieben Resilienzfaktoren

Resiliente, widerstandsfähige Menschen zeichnen sich durch ganz bestimmte Faktoren aus, die in einem dynamischen Zusammenspiel eine besondere Kraft entfalten:

Selbstwirksamkeitsüberzeugung ist das Grundvertrauen in die eigenen Fähigkeiten, gepaart mit dem inneren Wissen, ein bestimmtes Ziel mit den zur Verfügung stehenden Mitteln erreichen zu können.

Achtsamkeit kann als die Fähigkeit beschrieben werden, sich dem aktuellen Moment mit einer offenen Haltung zuzuwenden. In dieser urteilsfreien, zustimmenden Haltung entfalten sich neue Erfahrungsmöglichkeiten.

Selbstregulation ist ein Prozess, der mehrere Aspekte umfasst. Es beginnt mit der Kompetenz, eigene Affekte differenziert wahrzunehmen. In einem weiteren Schritt werden diese benannt und es entsteht ein Handlungsspielraum, der eine angemessene Impulssteuerung ermöglicht.

Akzeptanz ist das Anerkennen der aktuellen Problemsituation oder Emotion und die innere Zustimmung zu dem, wie es jetzt gerade ist, „nicht, weil ich das so haben will oder es mir so gefällt, sondern weil es ist, was es ist."

Empathische **Netzwerkorientierung** bezeichnet die Fähigkeit, sich in die Emotions- und Gedankenwelt anderer einfühlen zu können. Ausgehend von dieser Grundfertigkeit pflegen resiliente Menschen ihre sozialen Beziehungsnetzwerke nachhaltig und proaktiv.

Realistischer **Optimismus** ist die unerschütterliche Überzeugung, dass Krisen zeitlich begrenzt sind und überwunden werden können. Bei aller Herausforderung bleibt der Blick auf das Positive erhalten.

Resiliente Menschen sehen Probleme als „Normalfall des Lebens" und lenken ihren Fokus **zukunftsorientiert** auf möglichen **Lösungsszenarien.**

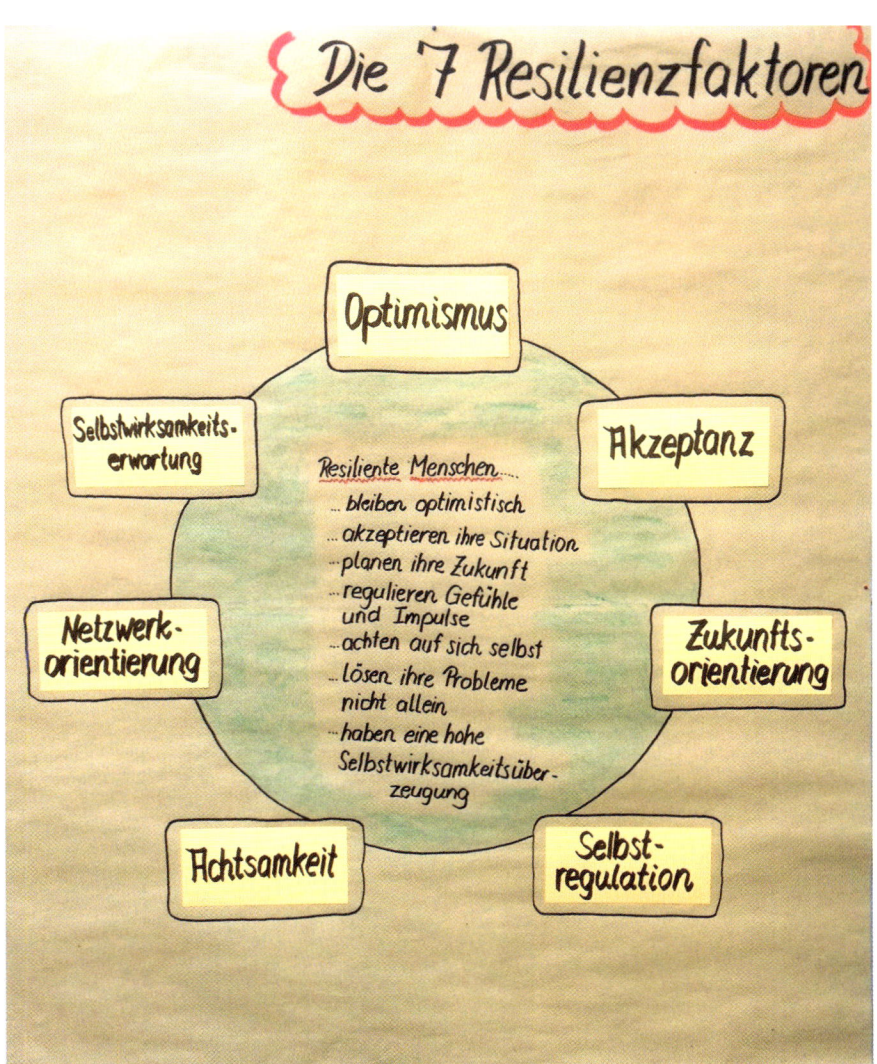

Abb. 50 Die sieben Resilienzfaktoren

Achtsamkeit - Selbstwahrnehmung

• •

„Es ist, was es ist, sagt die Liebe." (Erich Fried)

• •

Der Weg der Achtsamkeit ist der Weg der Präsenz, der Weg des Lebens im Augenblick, des bewussten Wahrnehmens des aktuellen Moments. Das heißt, unser Leben ist eine Aneinanderreihung von „Jetzt-Erfahrungen" und unsere Lebensqualität setzt sich aus der Beschaffenheit dieser einzelnen Momente zusammen.

Im Fokus einer achtsamen Selbstwahrnehmung steht die Wahrnehmung der eigenen Gedanken und Emotionen. Es geht um eine angemessene Selbsteinschätzung und eine daraus folgende Selbstreflexivität, die uns mit der aktuellen Situation und den handelnden Personen in bewusste Beziehung setzt.

Resilienten Menschen gelingt es in Krisensituationen, Gefühle wie Angst, Trauer, Wut und Enttäuschung ehrlich wahrzunehmen und diese in lebensförderliche, aktivierende Energie zu transformieren.

Barbara Fredrickson (2012) beschreibt vier Möglichkeiten, die uns unterstützen, im Jetzt zu verweilen und zugleich positive Emotionen zu fördern:

1. **Dankbarkeit pflegen** – denken Sie an größere oder auch kleinere Dinge, Begegnungen, Situationen, für die Sie dankbar sind. Legen Sie sich ein „Dankbarkeitstagebuch" zu und verschriftlichen Sie täglich Ihre Dankbarkeitsmomente.
2. **Dankbarkeit ausdrücken** – bringen Sie Ihre Dankbarkeit anderen gegenüber zum Ausdruck. Dazu eignen sich die alltäglichen Kleinigkeiten, die scheinbar so selbstverständlich sind, am allerbesten.
3. **Sinnstiftende Aktivität** – wenden Sie sich Aktivitäten zu, die Ihnen oder anderen gut tun, Ihre Grundwerte sichtbar machen und einfach dem Leben dienen.
4. **Den Moment auskosten** – halten Sie inne und genießen Sie den Augenblick. Das bewusste Wahrnehmen der warmen Tasse Kaffee oder das Genießen der Aussicht von Ihrem Fenster sind Dinge die, regelmäßig angewandt, wesentlich zu Ihrem Wohlbefinden und einem wachsenden Bewusstsein Ihrer inneren und äußeren Ressourcen beitragen.

Abb. 51 Achtsamkeit – Selbstwahrnehmung

Akzeptanz – Die Realität umarmen

„Wir können eine Sache nicht verändern, wenn wir sie nicht akzeptieren." (C. G. Jung)

Die aktuelle Forschung bestätigt durch eine Vielzahl von Studien, welch positiven Effekt eine Haltung von Respekt, Annahme und Akzeptanz auf uns selbst und andere hat. Ein Ansatz ist das Modell von Daniel Siegel, einem amerikanischen Neurowissenschaftler, der in dem Akronym COAL seinen Ausdruck findet.

C – Curiosity (Neugier)
O – Openness (Offenheit)
A – Acceptance (Akzeptanz)
L – Love and Kindness (Liebe und Freundlichkeit)

Nimmt man diese Grundgestimmtheit an, wird in unserem Gehirn eine chemische Reaktion ausgelöst, die unser emotionales und körperliches Wohlbefinden fördert und stabilisiert.

„Ich habe keine besondere Begabung, sondern bin nur leidenschaftlich neugierig." Das Erfolgsrezept von Albert Einstein beschreibt diese neugierige und offene Haltung – gleich einer inneren Antenne, die auf „Empfang" geschaltet ist.

Gerade in Krisensituationen verschließen wir leicht die Augen vor der Realität. Die Grundhaltung der Akzeptanz nimmt das Leben mit all seinen Dimensionen an. Ein JA, das die Realität bestätigt, nicht, weil ich es genauso haben möchte, sondern, weil „es ist, wie es ist". So werden schwierige Situationen und Rückschläge zu Entwicklungschancen.

Abb. 52 Akzeptanz – Die Realität umarmen

Realistischer Optimismus

Resilienten Menschen wohnt der Glaube inne, dass sich Dinge zum Positiven wenden werden. Sie besitzen die Fähigkeit, das Gute im Schlechten zu sehen.

Das Positive im Fokus zu behalten unterstützt dabei, auch in schwierigen Situationen nicht in eine machtlose Opferrolle abzuleiten, sondern weiterhin Gestalter von Leben und Umfeld zu bleiben. Viele Situationen können wir nicht kontrollieren, aber wir können unsere Einstellung dazu wählen. Die Konzentration auf die positiven Aspekte hat einen ausgleichenden Effekt auf die innere emotionale Landschaft. Eine konsequent positive Haltung wirkt beinahe wie ein Stoßdämpfer, durch den widrige Umstände abgefedert werden.

Martin Seligmann (2000) hat sich mit charakteristischen Merkmalen von Optimisten und Positivität beschäftigt und nennt hier drei wesentliche Faktoren, die erlernbare Haltungen sind:

1. Optimisten gehen davon aus, dass schwierige Situationen nicht von Dauer sind.
2. Unangenehme Ereignisse werden eher äußeren Umständen zugeschrieben als persönlichem Versagen.
3. Jeder Mensch muss Fehlschläge in manchen Bereichen oder Lebenslagen hinnehmen. Optimisten tun dies, ohne andere Lebensbereiche dadurch zu kontaminieren.

Aus dieser Perspektive wird verständlich, dass Optimismus einen wesentlichen Faktor im Konstrukt Resilienz darstellt und dass optimistische Menschen leichter in der Lage sind, die so häufig vom Leben geforderte Anpassungsleistung zu bewältigen.

Abb. 53 Realistischer Optimismus

Selbstwirksamkeitsüberzeugung

Selbstwirksamkeitserwartung ist nach dem kanadischen Psychologen Albert Bandura (1977) die „optimistische Kompetenzerwartung und das Vertrauen in die eigenen Fähigkeiten, schwierige Situationen und Hindernisse im Leben bewältigen zu können".

Menschen mit einer hohen Selbstwirksamkeitsüberzeugung erwarten, dass das eigene Wirken und Gestalten Einfluss auf ihr Leben hat. So können selbst schwierige Situationen für sie eine Chance in sich bergen, die zu Wachstum und Entwicklung führt.

Was hoch resiliente Menschen mit ihrer Selbstwirksamkeitsüberzeugung gewinnen, ist, neben einem Gefühl der Gelassenheit im Umgang mit den Widrigkeiten des Lebens, ein Gefühl der Kontrolle über sich und den emotionalen Zustand, in dem sie sich befinden.

Hilfe für Menschen, die an ihrer Selbstwirksamkeit zweifeln, ist in der Formbarkeit unseres Gehirns (Neuroplastizität) zu finden. Die Neurowissenschaft der letzten Jahre hat bestätigt, dass wir diese festgefahrenen Muster, wie z.B. negative Selbstwirksamkeitsüberzeugung, durch eine Änderung unserer Gedanken positiv beeinflussen können. Wenn wir uns innerlich z.B. entscheiden, uns in einer bestimmten Situation nicht mehr als Opfer zu sehen, sondern unsere Aufmerksamkeit offen und ohne uns zu verurteilen auf mögliche Chancen richten, werden wir meist überrascht und begeistert sein, von dem, was wir finden.

Ist dieser Schritt gelungen, ist dies ähnlich, als hätten wir eine Abfahrt von der „neuronalen Autobahn" genommen, wie Gerald Hüther (2010) diese inneren festgefahrenen und häufig automatisierten Muster in unserem Gehirn nennt. Wir haben einen neuen Weg in unserem Gehirn geschaffen und das nächste Mal ist es bereits einfacher, die Abfahrt zu finden. Unsere Selbstwirksamkeitsüberzeugung und damit auch unsere Resilienz wachsen.

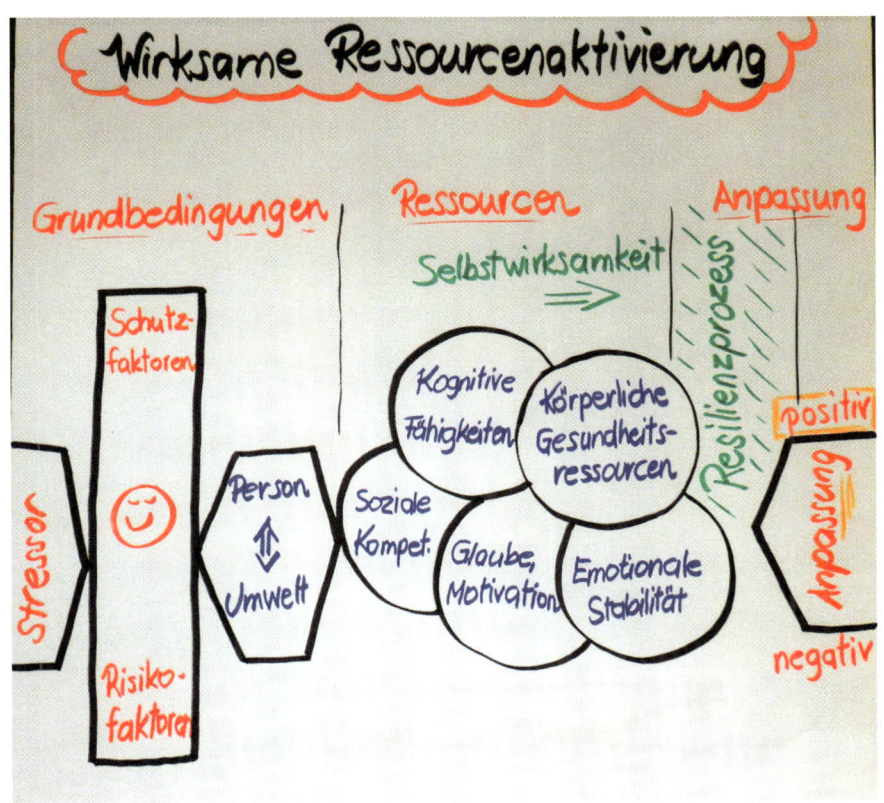

Abb. 54 Selbstwirksamkeitsüberzeugung

Selbstregulation, Emotionssteuerung, Impulskontrolle

„Ich musste lernen, aus zehn Prozent Erfolg so viel Energie zu schöpfen, dass ich die neunzig Prozent Mist aushalte, die täglich auf meinem Schreibtisch landen." (Werner Otto)

Als Selbstregulation wird die Fähigkeit bezeichnet, die Aufmerksamkeit, die eigenen Handlungsimpulse, Emotionen und Reaktionen bewusst zu steuern. Will man jedoch die Kraft und das Potenzial, die in Gefühlen und Gestaltungsfähigkeit liegen, bestmöglich nutzen, muss man die inneren Prozesse „entschleunigen" und Emotionen, Gedanken und Handlungen bewusst „freundlich aber konsequent moderieren".

Schritte erfolgreicher Selbstregulation:

1. **Wahrnehmung:** In der Selbstbeobachtung nimmt man Erregungszustände wahr und beobachtet sich selbst mit einer akzeptierenden Grundhaltung.
2. **Beschreibung:** Aus dieser Selbstbewusstheit heraus „beschreibt" man sich selbst (im inneren Dialog) die wahrgenommenen Emotionen und ergreift dann passgenaue Maßnahmen, um diese entsprechend zu steuern.
3. **Pause:** Die Fähigkeit, eine Pause zwischen Impuls und Aktion einzulegen, hilft zu reflektieren und den Automatismus durch eine bewusste und gesteuerte Handlung zu ersetzen. Oft genügt es, kurz durchzuatmen, die Schultern fallen zu lassen oder die gegenwärtige Position im Raum zu verändern, um sich selbst zu beruhigen.
4. **Entscheidung/Wahl:** Aus dieser bewussten inneren Pause resultiert die verantwortungsvolle Wahl der entsprechenden Einstellung und der daraus folgenden Handlungsmuster.
5. **Aktion:** So entsteht jene kontrollierte Handlung, die auch mit dem Wort Selbstdisziplin beschrieben werden kann. Diese kann besonders bei resilienten Menschen immer wieder beobachtet werden.

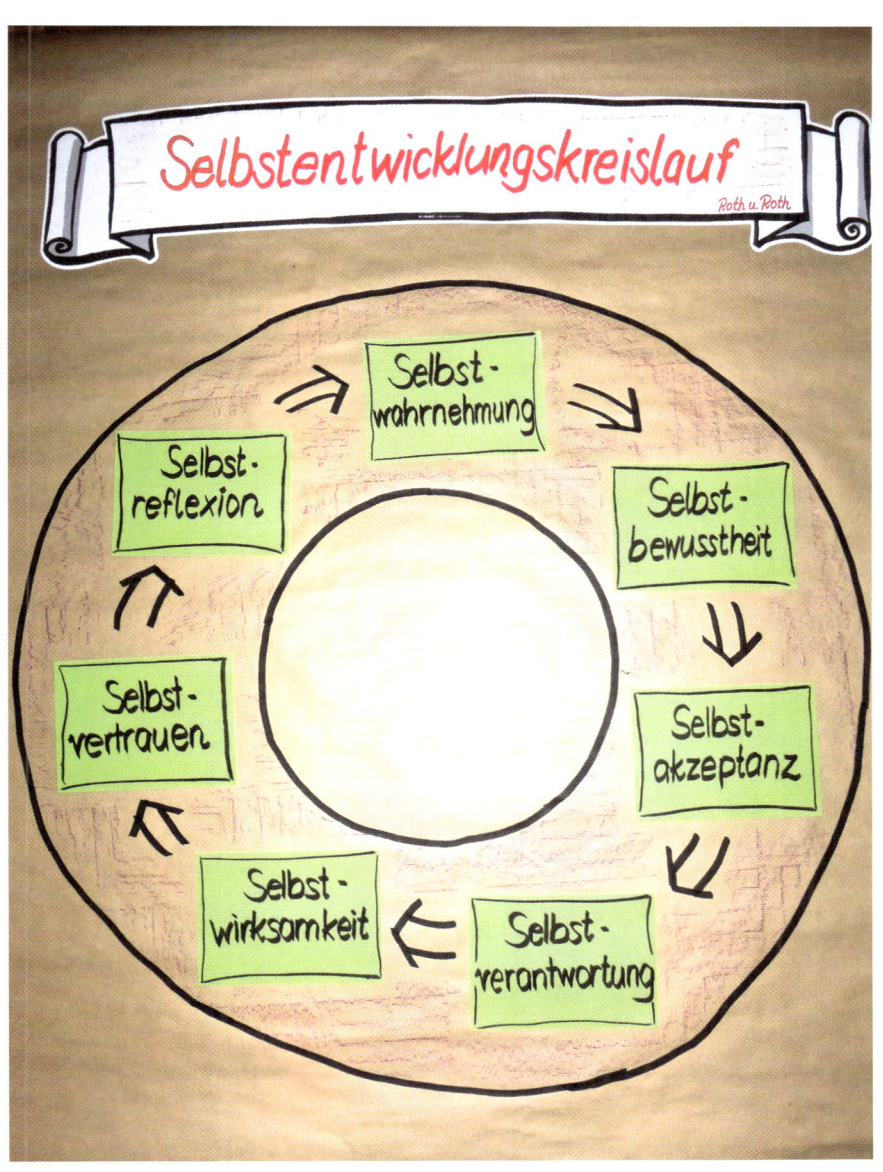

Abb. 55 Selbstregulation, Emotionssteuerung, Impulskontrolle

Empathische Netzwerkorientierung

In Anlehnung an das Konzept des Psychologen und Pädagogen Klaus Fröhlich-Gildhoff (2007) lohnt es sich, für eine gelungene Netzwerkorientierung gezielt folgende soziale Grundkompetenzen zu entwickeln:

➜ Wahrnehmung und Interpretation sozialer Situationen und Informationsverarbeitung: Die Basis ist eine möglichst unverzerrte Verarbeitung von Informationen in sozialen Situationen. Hierzu sind beständige Feedbackschleifen und Rückkoppelungen notwendig.

➜ Emotionale Kompetenz und Empathie: Emotionale Kompetenz umfasst die Fähigkeit, sich seiner Gefühle bewusst zu sein und diese kommunizieren und regulieren zu können. Empathie ist die Fähigkeit einer Person, sich in andere Menschen und in deren Gedanken- und Gefühlswelt einfühlen und hineinversetzen zu können.

➜ Vielfältiges Verhaltensrepertoire für unterschiedlichste Situationen: Kommunikative Grundfähigkeiten, die der Aufnahme und Aufrechterhaltung der Kommunikation dienen, werden unter dieser Rubrik zusammengefasst (Blickkontakt, Worte, Wahrung von angemessener Distanz, Anwendung von Kommunikationsregeln, Feedback geben und annehmen).

➜ Spezifische Verhaltensrealisierung: Handlungsoptionen müssen zuerst abgewogen und in der Folge passgenau im Beziehungskontext realisiert werden.

➜ Selbstreflexion in Korrelation mit Konsequenzen: Der Kernpunkt dieser Kompetenz liegt darin, das eigene Verhalten in der Situation allein oder mit Unterstützung anderer zu beurteilen und Konsequenzen für zukünftige Handlungsweisen zu ziehen.

Ausgehend von dieser Grundfertigkeit pflegen resiliente Menschen ihre sozialen Beziehungsnetzwerke nachhaltig und proaktiv.

Abb. 56 Empathische Netzwerkorientierung

Zukunftsorientierte Lösungsszenarien

Resilienzautoren stellen die zukunftsfokussierte Lösungsorientierung als eine Fähigkeit dar, die mit drei zentralen Aspekten beschrieben werden kann:

Die realistische Analyse der gegenwärtigen Situation ist der *erste Aspekt*. Um im Analysemodus nicht in einer Sackgasse zu landen, ist es wichtig, Denkfallen zu erkennen:

→ Katastrophisieren: Negative Ereignisse werden stark überbewertet.

→ Maximieren/Minimieren: Schwierigkeiten, Fehler und Schwächen werden überbewertet, während positive Ereignisse abgewertet werden.

→ Gedanken lesen – Annahmen treffen: Aus den Handlungen anderer wird eine Schlussfolgerung über ihr Denken getroffen.

→ Emotionales Argumentieren: Die eigene Gefühlslage wird zur Beweisführung für die Richtigkeit der eigenen Befürchtungen herangezogen.

→ Personalisieren: Man bezieht alles direkt auf sich als Person.

→ Generalisieren: Aus einem Sachverhalt wird eine allgemeingültige Hypothese abgeleitet.

→ Dauerhaftigkeit: Weil es einmal so war, wird es immer so sein.

(Quelle: Mourlane, 2013)

Denkfallen sind destruktive und wenig hilfreiche Gedankenmuster, die meist eine lebensgeschichtliche Begründung haben. Es gilt, diese Muster wahrzunehmen und sie durch positive, kreative und neue Gedanken zu ersetzen.

Im *zweiten Aspekt* der Lösungsorientierung geht es darum, zur Verfügung stehende Ressourcen und Möglichkeiten ebenso realistisch einzuschätzen wie Risiken und Gefahren. Resilienz ist einerseits die Fähigkeit, sich von Rückschlägen wieder zu erholen, andererseits ist es aber auch die intelligente Verwendung von begrenzten Ressourcen und die Fähigkeit, diese zielorientiert zu nutzen.

Der *dritte Aspekt* setzt sich mit der Kapazität auseinander, konstruktive, zukunftsorientierte nächste Schritte zu entdecken, zu planen und umzusetzen. Eine der größten Fähigkeiten des Menschen ist Adaption – unsere Anpassungsfähigkeit. Oft greifen wir in Krisensituationen reflexartig auf vertraute Problemlösungsmuster zurück. Um Wirkung zu erzielen, erhöhen wir dabei jedes Mal den Krafteinsatz nach dem Motto: „Mehr vom Gleichen." Aber:

„Man kann ein Problem nicht mit derselben Denkweise lösen, mit der es entstanden ist." (Albert Einstein)

Gelingt es aber, gerade in widrigen Umständen die Offenheit für neue Denk- und Handlungsmuster zu bewahren, ist dies ein Weg, der Resilienz zur Meisterschaft führt.

„Probleme sind Lösungen in Arbeitskleidung." (Henry J. Kaiser)

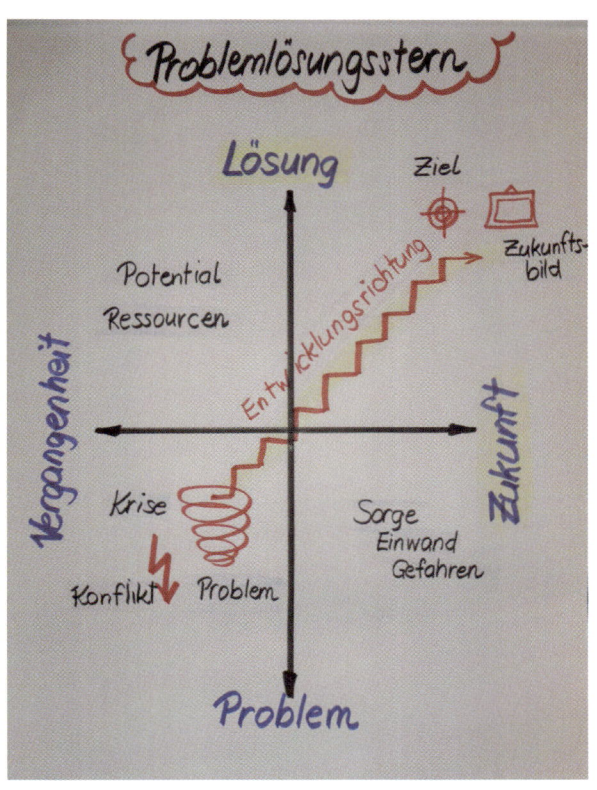

Abb. 57 Zukunftsorientierte Lösungsszenarien

AVEM - Verhaltensmuster und Erlebnisqualität im Schnellcheck

Zur Analyse Ihres Ist-Zustands verwenden wir ein wissenschaftlich anerkanntes Testverfahren, das AVEM-Modell. „AVEM" steht für „Arbeitsbezogene Verhaltens- und Erlebensmuster" und bezeichnet ein Modell, das Aussagen über gesundheitsförderliche bzw. -gefährdende Verhaltens- und Erlebensweisen bei der Bewältigung von Arbeitsanforderungen erlaubt.

Bevor Sie dieses Modell auf den beiden folgenden Seiten vorgestellt bekommen, können Sie sich selbst im Schnellcheck einordnen. Sie haben für alle vier Felder insgesamt zehn Auswahlmöglichkeiten. Nehmen Sie einen Textmarker oder kreuzen Sie einfach an, was für Sie mehr als alles andere zutrifft. Haben Sie in einem Feld mehr Markierungen als in den anderen, so scheinen Sie zu diesem Verhalten und der Erlebnisqualität eine gewisse Tendenz zu haben. Die nächsten Seiten erklären Ihre Ergebnisse.

Muster G	Muster A
• Ich bleibe trotz Belastungen gelassen.	• Ich verausgabe mich.
• Ich kann „die Türe hinter mir zumachen".	• Ich engagiere mich übermäßig.
• Ich kann Arbeit abgeben.	• Arbeit hat Vorrang.
• Ich bin in meiner Arbeit engagiert.	• Es ist mein Anspruch, dass die Arbeit fehlerlos erledigt wird.
• Ich bin erfolgreich.	
• Ich kann mich gut erholen.	• Oft nehme ich mir emotional und physisch „Arbeit mit nach Hause".
• Ich bin zufrieden.	
• Ich halte meine Arbeit für sinnvoll.	• Ich übernehme trotz meiner Arbeitslast oft auch Zusatzaufgaben.
	• Meine Widerstandsfähigkeit ist gering.
Muster B	Muster S
• Ich resigniere manchmal.	• Ich kann mich gut abgrenzen.
• Oft bin ich erschöpft.	• Mehr als in meiner Arbeitsplatzbeschreibung steht, tue ich nicht.
• Trotz meiner Mühe bringe ich nur geringe Leistung.	
	• Wenn jemand etwas von mir will, kann ich schon ungehalten werden.
• Es fehlt bei mir an Engagement.	
• Ich habe keine Widerstandkraft mehr.	• Ich tue das Nötigste.
• Ich habe bereits körperliche und/oder psychische Beschwerden.	• Ich bin sehr freizeitorientiert.
	• So richtig zufrieden bin ich nicht.
• Ich kann mich nicht mehr erholen.	• Mich kratzen die Dinge am Arbeitsplatz nicht.

Die vier Muster von Erleben und Verhalten am Arbeitsplatz

Auf der vorigen Seite haben Sie im Schnellcheck Ihre persönlichen Tendenzen herausgefunden. Sie können sich nun einem der vier Muster zuordnen:

→ Typ G („gesund"): Zeigt berufliches Engagement und ist bereit, sich auch ab und zu zu verausgaben, kann sich jedoch auf Grund ausreichender Distanzierungsfähigkeit in der Freizeit erholen; kann Arbeit und Privat trennen und legt großen Wert auf Kollegialität und Zusammenarbeit, erlebt beruflichen Erfolg.

→ Typ A („angespannt"): Ist überengagiert und zeigt überdurchschnittliche Verausgabungsbereitschaft, oft perfektionistische Einstellung, kann sich nicht mehr gut distanzieren und deshalb „die Türe nicht mehr hinter sich zu machen", will alles alleine schaffen.

→ Typ B („burn out"): Hat den Zustand körperlicher und emotionaler Erschöpfung erreicht, ist resigniert und die Leistung ist stark gesunken. Kann kollegiale Unterstützung nicht annehmen.

→ Typ S („Schonhalter"): Fürchtet den beruflichen Verschleiß und grenzt sich ab. Macht Dienst nach Vorschrift und zeigt darüber hinaus keine Einsatzbereitschaft.

Nun zu Ihrem Ergebnis:
Haben Sie deutlich mehr Eintragungen bei G, so ist das ideal. Dazu verträgt es ein bisschen S, aber nur unter dem Aspekt „S wie Selbstschutz".

Vorsicht ist geboten, wenn Sie viele Eintragungen bei A und sogar einige bei B haben – hier sollten Sie für sich etwas tun.

Häufig wird eine Entwicklung von G über A nach B beobachtet. Und dazu tragen Führungskräfte bei, weil sie A häufig noch weitere Aufgaben übertragen, obwohl dem das Wasser schon bis zum Hals steht. Vielmehr sollte S motiviert und trotz des zu erwartenden Widerstandes Leistung eingefordert werden.

Die Gesichtsausdrücke in der nebenstehenden Grafik zeigen, wie die vier verschiedenen Typen in die Arbeit gehen und am Abend wieder herauskommen.
Quelle: Freiburger Schulstudie 2004

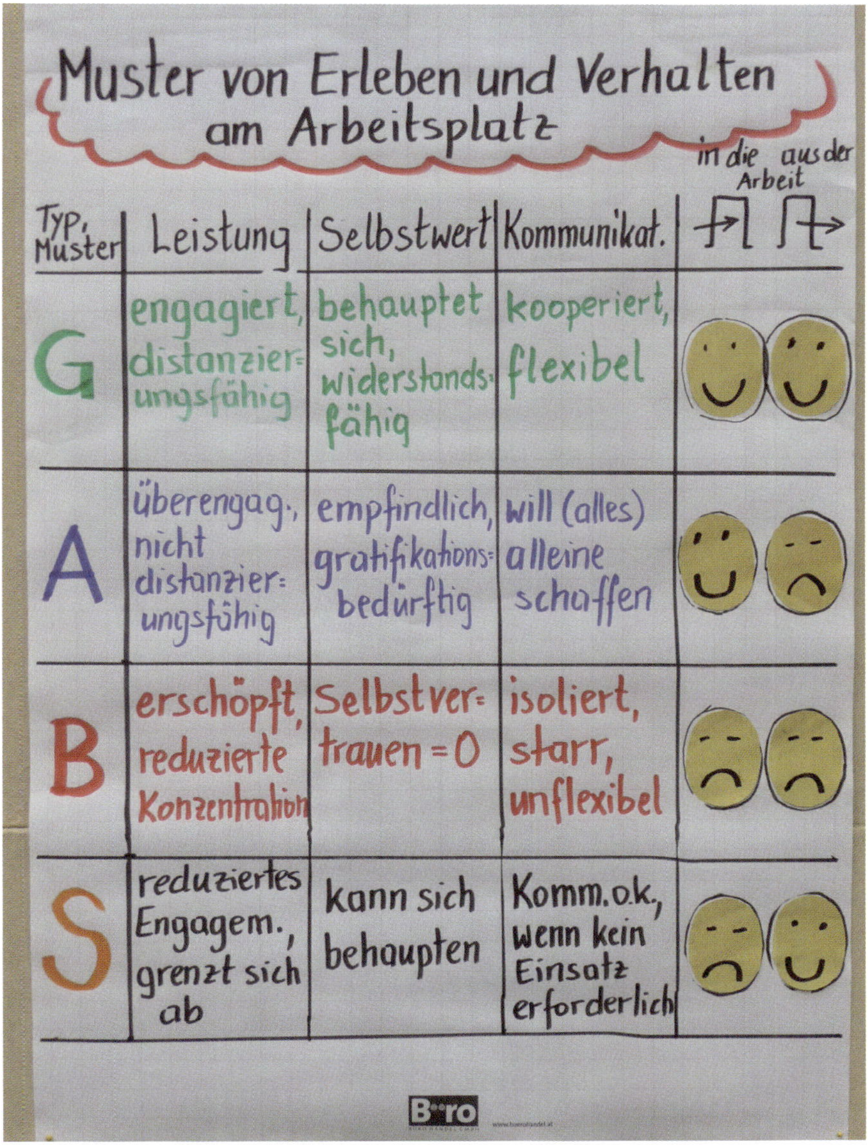

Abb. 58 Erlebnisqualität und Verhalten am Arbeitsplatz

Die Siegrist-Waage in Balance halten

Johannes Siegrist zeigt mit dem „Effort-Reward"-Stressmodell die Bedeutung der Balance zwischen Verausgabung („effort") und Anerkennung („reward") für den Erhalt der Gesundheit am Arbeitsplatz.

Auf der Waagschale „**Verausgabung**" lastet:

➜ Arbeitsaufkommen und –intensität,

➜ ständige Unterbrechungen und Zeitdruck,

➜ der Zwang zu dauernder Mehrleistung,

➜ körperliche Verausgabung und

➜ widersprüchliche Anforderungen.

Als Gegengewicht kommt auf der Schale **„Anerkennung"**

➜ Gerechtigkeit am Arbeitsplatz,

➜ Aufstiegschancen,

➜ materielle Anerkennung,

➜ persönliche Wertschätzung und

➜ Arbeitsplatzsicherheit

zum Tragen.

Entsteht zwischen Verausgabung und Anerkennung eine andauernde Dysbalance, so führt das in eine „Gratifikationskrise". Die betroffenen Personen tragen ein dramatisch erhöhtes Gesundheitsrisiko: So sind sowohl negative Auswirkungen auf das Immunsystem und den Blutdruck als auch das deutlich erhöhte Risiko, depressive Symptome zu entwickeln oder gar an schwerer Depression zu erkranken, belegt. Die „Effort-Reward"-Dysbalance führt auch zu einem deutlich erhöhten Risiko, sich eine Herzerkrankung zuzuziehen.

Personen mit niedrigem Sozialstatus und geringem Bildungsniveau sind stärker von einer solchen Dysbalance betroffen, aber auch immerhin noch acht Prozent der Führungskräfte leiden unter demselben Schicksal.

Nach der großen britischen Whitehall-Studie von Michael Marmott wiegen der eigene Einfluss auf die Umstände unseres Lebens und die Chancen, uns als vollwertiges, akzeptiertes Mitglied unserer Gesellschaft zu fühlen, schwerer für Gesundheit und Lebenserwartung als Körpergewicht und ungesunder Lebensstil.

Quelle: Effort-Reward-Inventory (ERI)

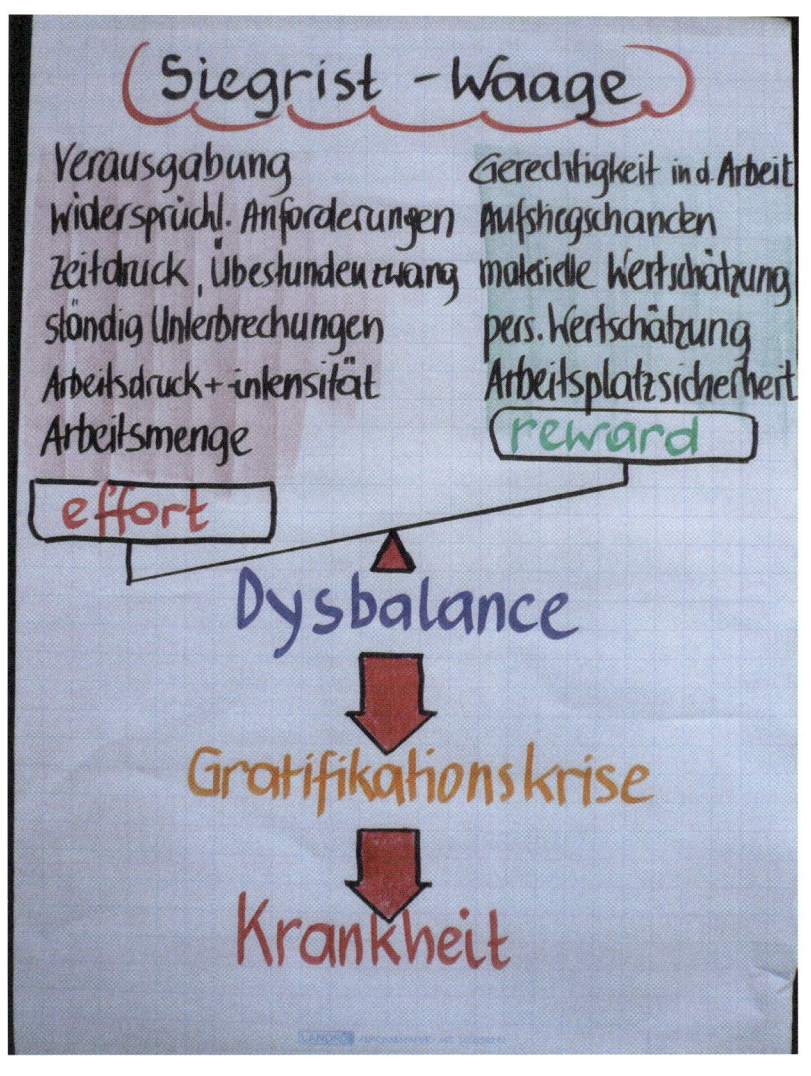

Abb. 59 Siegrist-Waage

Salutogenese

Salutogenese ist ein Begriff, der von dem Medizinsoziologen Aaron Antonovsky geprägt wurde und sich mit Faktoren auseinandersetzt, die Gesundheit erhalten und fördern.

Salus (lat.) = Gesundheit

Genese = Entstehung

Die Ergebnisse seiner Untersuchungen machen deutlich, dass Gesundheit weniger mit den Umständen als mit der Fähigkeit, diese zu bewältigen, in Zusammenhang steht.

Antonovsky entdeckt bei seinen Forschungen nach generalisierten Widerstandsressourcen drei wesentliche Komponenten, die er in der Gesamtschau als „Kohärenzgefühl" *(engl.: sense of coherence)* beschreibt, einem Gefühl innerer Zufriedenheit mit sich und anderen, das mit einem Zugehörigkeitsgefühl und einem andauernden und dynamischen Grundvertrauen einhergeht.

Das Kohärenzgefühl setzt sich zusammen aus dem

1. **Gefühl von „Verstehbarkeit"** (*sense of comprehensibility*): Dieses meint ein kognitives Verarbeitungsmuster, das es dem Einzelnen ermöglicht, die Geschehnisse der inneren und äußeren Umgebung zu strukturieren und zu verstehen.

2. **Gefühl von „Handhabbarkeit bzw. Bewältigbarkeit"** (*sense of manageability*): Diese Komponente beschreibt das innere Wissen und die Fähigkeit, mit den zur Verfügung stehenden Ressourcen innere und äußere Herausforderungen zu bewältigen.

3. **Gefühl von „Sinnhaftigkeit und Bedeutsamkeit"** (*sense of meaningfulness*): Das ist die Überzeugung, dass sich Anstrengung, Einsatz und Engagement lohnen werden und bedeutsam sind. Antonovsky sieht diese motivationale Komponente als die wichtigste an.

Das Maß der Ausprägung der drei genannten Aspekte gibt Hinweise darauf, wie gut ein Mensch in der Lage ist, Krisen oder herausfordernde Lebensumstände zu bewältigen.

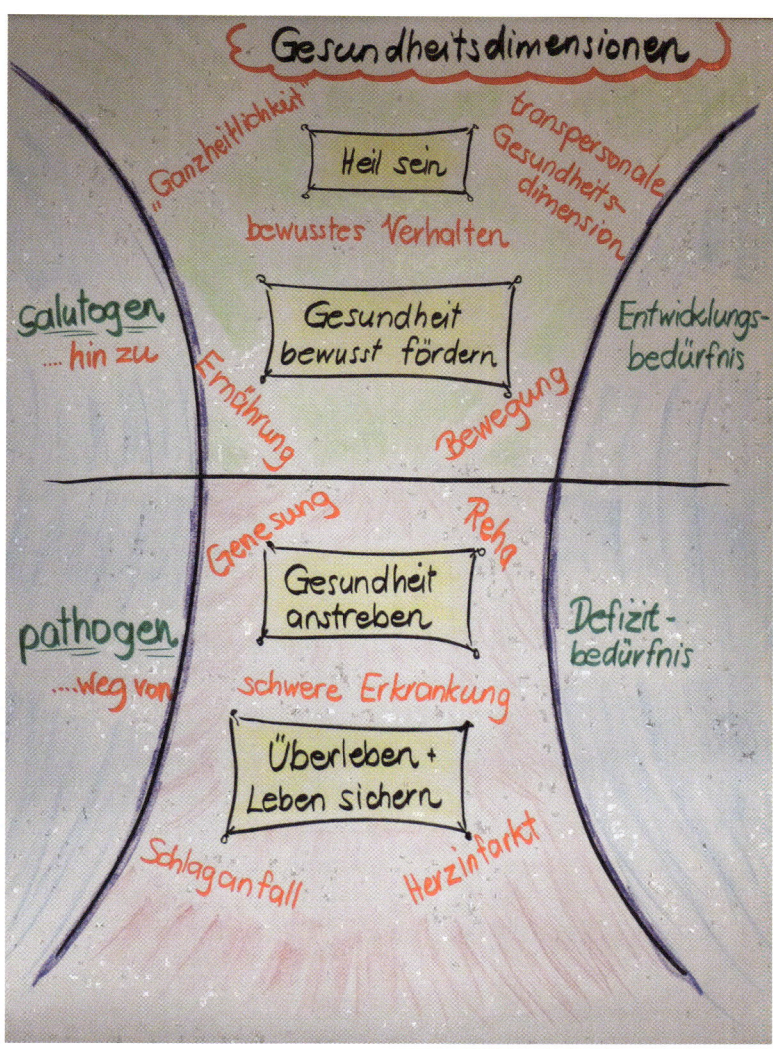

Abb. 60 Salutogenese

Flourish - Wie Menschen aufblühen

Martin Seligman (2012) ist einer der Begründer der positiven Psychologie. Er beschreibt mit Hilfe des von ihm entwickelten „Perma-Modells" in Kurzform zentrale Ergebnisse seiner wissenschaftlichen Tätigkeit zum Thema Wohlbefinden und geglücktem und gelungenem Leben. Mit dem Akronym PERMA fasst er sein dynamisches Konzept, wie Menschen aufblühen können, übersichtlich zusammen:

P – Positive Emotions (positive Emotionen): Um ein stabiles Wohlbefinden zu erleben, ist es von signifikanter Bedeutung, positive Emotionen, wie zum Beispiel Inspiration, Dankbarkeit, Friede, Neugier oder Hoffnung, zu erfahren. Dies ist ein höchst aktiver Prozess, für den wir den Boden bereiten können. Die Vermeidung von negativen Emotionen ist unzureichend.

E – Engagement (engagiert erfüllenden Tätigkeiten nachgehen): Beschreibt die Fähigkeit, sich ganz, mit allen Sinnen und Fähigkeiten, auf etwas einzulassen und dabei Freude zu erleben.

R – Positive Relationships (Verbundenheit in positiven Beziehungen erfahren): Andere Menschen und gelungene Beziehungen tragen wesentlich zu unserem Glück bei. Sei es, von anderen Unterstützung und Freundschaft zu erfahren oder für jemand anderen etwas zu tun oder eine Bedeutung zu haben.

M – Meaning (Sinn/Sinnhaftigkeit): Dies meint die Möglichkeit bzw. das innere Wissen, einen Beitrag zu leisten für ein Ziel, das über uns hinausweist. Dies kann in unterschiedlichen Bereichen sichtbar werden, sei dies Wissenschaft, Religion oder humanitärer Einsatz.

A – Accomplishments (Zielerreichung, Leistung): Damit meint Seligman die Fähigkeit und den Wunsch, etwas zu schaffen, eine Spur zu hinterlassen („to leave a legacy"). Die Möglichkeit, das zu erreichen, was man sich vorgenommen hat, führt zu einem gesteigerten Glücksgefühl und zu Zufriedenheit.

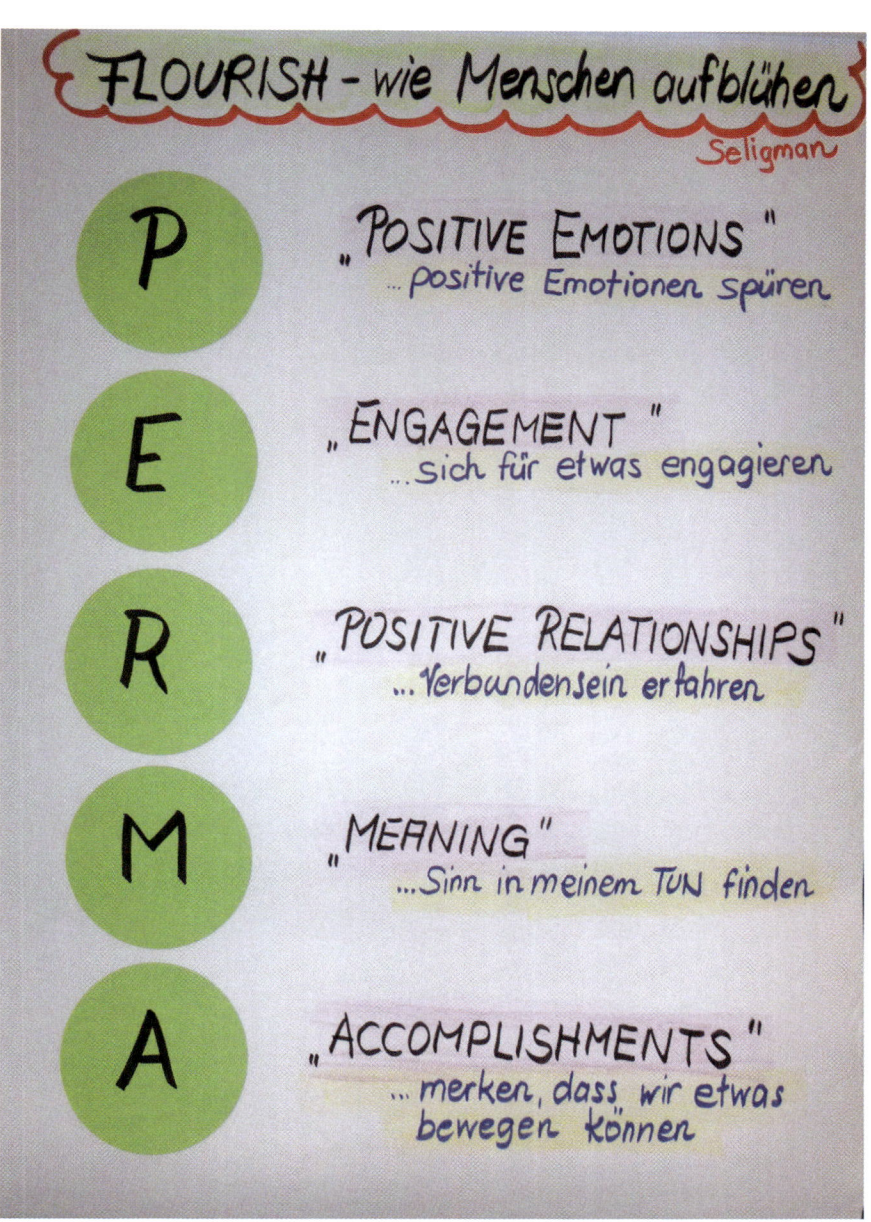

Abb. 61 Flourish – wie Menschen aufblühen

Krank oder glücklich im Beruf - An wem liegt es?

Wer ist zuständig für die Aufrechterhaltung von Arbeitsfähigkeit und Arbeitszufriedenheit? Soll vor allem der einzelne Mitarbeiter dafür zuständig sein, durch eigenes Engagement und Verhalten einen guten gesundheitlichen Zustand und förderliche Einstellungen aufrechtzuerhalten und eine Qualifikation, die aktuellen Anforderungen entspricht, zu erwerben? Oder gehört es vielmehr zu den Aufgaben von Betrieb und Führung, altersgerechte Arbeitsverhältnisse und ein Klima von Respekt und Anerkennung zu schaffen?

Es ist wenig hilfreich, sich wechselseitig die Verantwortung zuzuschieben. Erfolgreiche Situationen entstehen, wenn beide Seiten zusammenwirken, und zwar in einem ehrlichen Dialog über Bedingungen, Voraussetzungen, Anforderung, Leistung, Leistungsfähigkeit und Motivation. Zukunftsstrategien für eine alternsgerechte Arbeitswelt (so der Titel einer Studie, herausgegeben von Reinhold Popp, 2011) setzen auf mehreren Ebenen an:

Die gesellschaftliche Ebene

Aufgrund der demografischen Entwicklung in vielen Industrieländern sinkt die Anzahl von Personen, die im Erwerbsleben stehen, im Vergleich zu jenen, die nicht erwerbstätig sind („Gesamtabhängigkeitsquotient"). Daraus entsteht ein steigender Finanzierungsdruck auf das Pensionssystem, möglicherweise auch verstärkter Fachkräftemangel. Angestrebt wird deshalb eine Erhöhung der Erwerbsbeteiligung, indem Menschen länger arbeiten.

Die betriebliche oder institutionelle Ebene

Firmen, Institutionen und der öffentliche Dienst stehen unter hohem Kostendruck. Sie möchten keine Mitarbeiter haben, die ab dem 50. Lebensjahr vor allem an die (möglichst frühzeitige) Pensionierung denken.

Die persönliche Ebene

Auf dieser Ebene sollten Mitarbeiter und Führung kooperieren, um gemeinsam für gesunde, leistbare und motivierende Verhältnisse zu sorgen. Ilmarinen nennt als Faustregel das Verhältnis von 40 : 60. Das bedeutet: Zu 40 Prozent leisten die Mitarbeiter ihren Beitrag, vor allem in den Bereichen

Gesundheit, Qualifikation und Einstellung. 60 Prozent (!) übernehmen die Führungskräfte, vor allem in den Bereichen Gestaltung der Arbeitsbedingungen, Anerkennung und Motivation.

Gelingt der Dialog über Arbeit und Arbeitsverhältnisse, so stellen sich, wie in Langzeitstudien nachgewiesen (Ilmarinen 2013), großartige Erfolge ein.

Abb. 62 Der Zusammenhang von Verhalten und Verhältnissen

Diversity Management zur Resilienzförderung in Organisationen

Im Allgemeinen wird in Organisationen zurzeit von „D&I" gesprochen: Diversity & Inclusion. Das sind Ansätze, nach denen personelle Vielfalt wertgeschätzt, gefördert und als wichtiger Faktor für die Organisationentwicklung betrachtet wird, um gemeinschaftsorientierte und nachhaltige Ziele zu verwirklichen.

D&I ist darauf ausgerichtet, eine Organisationskultur zu schaffen, in der Unterschiede wertgeschätzt werden. Sozialkompetenter Umgang im Sinne von D&I unterstellt positive Auswirkungen auf Innovation und Leistung im Unternehmen. In Großunternehmen gibt es meist Diversity-Beauftragte in der Personalabteilung, deren Aufgabe es ist, ein vielfaltsorientiertes Arbeitsumfeld von der Produktenwicklung und der Kommunikation bis zur Personalentwicklung zu schaffen.

Diversity und Resilienz hängen zusammen. Man könnte sagen, dass Diversity Resilienz fördert. Resilienz wird dadurch erhöht, dass Themen aus unterschiedlichen Blickwinkeln gesehen werden und so eine breitere Vielfalt an Lösungen und resilienzförderndem Arbeiten ermöglicht wird.

Allgemeine Erfolgsfaktoren durch D&I

➔ **Akzeptanz:** die Vermeidung der Bevorzugung bestimmter Gruppen und die Berücksichtigung der Vielfalt aller Beteiligten

➔ **Business-Fokus:** der klare Bezug auf die Ziele des Unternehmens

➔ **Ganzheitlichkeit:** die Verbindung von Human Resources, Marketing und Unternehmenskommunikation mit anderen betrieblichen Funktionen

➔ **Kohärenz:** die Zusammenführung der jeweiligen Interessen der Mitarbeitenden und der Führungskraft

➔ **Einheit durch Vielfalt:** individuelles und unterschiedliches Arbeiten als gemeinsamen Nutzen betrachten

Die gebräuchlichste Darstellung von Diversity-Dimensionen finden Sie auf der rechten Seite.
Quelle: Stuber (2002)

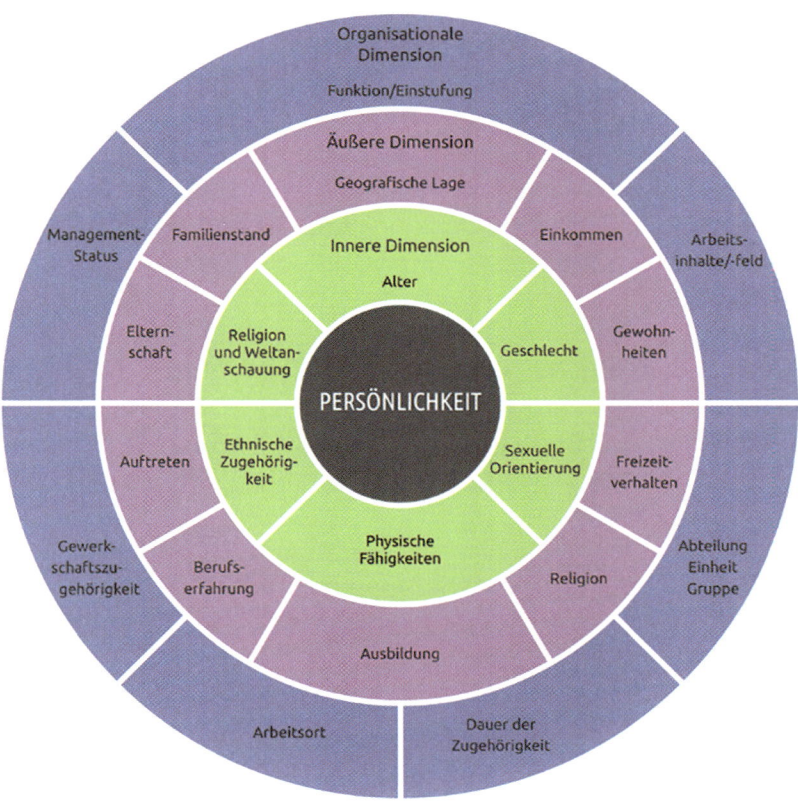

Abb. 63 Diversity

Mischwald statt Monokultur - Wirtschaftlichkeitsbetrachtungen zu Diversity Management

Welche gesellschaftlichen und kulturellen Veränderungen bringen Unternehmen dazu, Vielfalt aktiv zu berücksichtigen und Unterschiede gezielt zu nutzen? Organisationen versprechen sich vom Management-Ansatz Diversity eine Steigerung ihres wirtschaftlichen Erfolgs. In folgenden Bereichen wird Diversity & Inclusion als Vorteil gesehen:

→ Innovation, Veränderung, Internationalität, Mergers & Akquisition
→ Kosteneffizienz durch Potenzialnutzung
→ Verständnis für komplexe Organisationsformen
→ Markenwert und Image
→ Attraktivität als Arbeitgeber

Doch bislang scheinen nur Studien davon zu sprechen. In der Unternehmensrealität ist Diversity & Inclusion bislang nur unzureichend angekommen und wird vielfach im Human-Resource-Management-Bereich zu wenig machtvoll angesiedelt. Noch sind bisherige Ansätze nicht in der Lage, bestehende Strukturen zu verändern.

Frauen etablieren sich in vielfältigen Berufsfeldern

1970/71 betrug der Anteil der weiblichen Studierenden an öffentlichen Universitäten nur 24,96 Prozent. 1990/91 bereits 44,16 Prozent und 2013/14 mehr als die Hälfte: 52,85 Prozent.

→ Analyse: Der Anteil hochqualifizierter Frauen am Arbeitsmarkt steigt – auch in technischen und wirtschaftlichen Disziplinen!
→ Konsequenz: Organisationen müssen ein Umfeld schaffen, das auch für Mitarbeiterinnen attraktiv ist.

Die Wirtschaft wird multikulturell

Der Migrations- und Integrationsbericht 2014 (Statistik Austria) weist 14 Prozent der Beschäftigten in Österreich als ausländische Staatsangehörige aus. Für Deutschland veröffentlicht Marcus Engler (Bundeszentrale für Politische Bildung) den Anteil an Bewohnern deutscher Großstädte mit Migrationshintergrund im Jahr 2011. München hat beispielsweise 36 Prozent, Frankfurt 43 Prozent und Stuttgart 38 Prozent. Tendenz steigend.

→ **Analyse:** Durch die Zuwanderung aus verschiedenen Ländern und Kulturen nach Österreich finden Menschen in der ersten oder einer späteren Generation hier eine neue Heimat. In der zweiten Generation ist der Anteil der Beschäftigten bereits höher als in der ersten Generation.

→ **Konsequenz:** Führungskräfte und Unternehmen stellen sich auf ethnisch-kulturell vielfältige Kunden und auf Beschäftigte aus den verschiedenen Kulturkreisen ein, um das Markt- und Arbeitspotenzial nutzen zu können.

Quelle: Statistik Austria (2014)

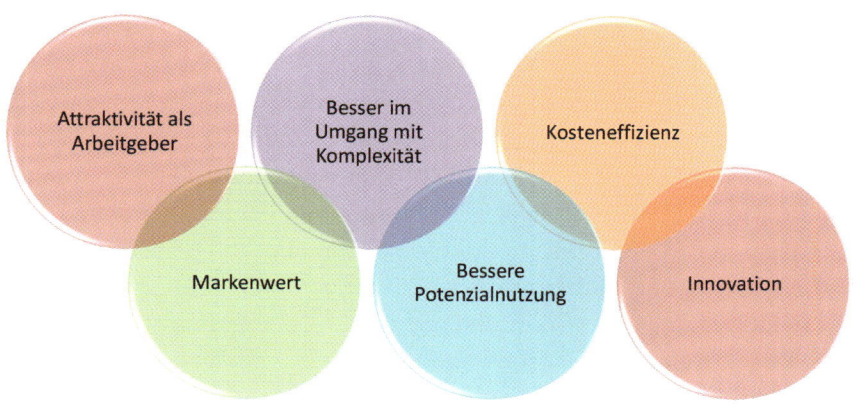

Abb. 64 Vorteile von Diversity & Inclusion

Länger im Beruf – Was ist anders?

Das Thema Diversität im Berufsleben wurde erst in den letzten Jahren Gegenstand forschender Analyse und bewusster Maßnahmen.

Ältere Arbeitnehmer bringen andere Voraussetzungen mit und haben andere Werte und Einstellungen zur Arbeit als jüngere. Arbeitende Menschen benötigen in unterschiedlichen Lebensabschnitten am Arbeitsplatz verschiedene Rahmenbedingungen und Begegnungsqualitäten. Da dies für jeden Abschnitt im Berufsleben gilt, wird gerne von alternsgerechtem Arbeiten gesprochen.

Ist die Rede von älteren Menschen, so ist die Berufsgruppe ab 50 Jahren gemeint (50+ in zahlreichen betrieblichen Projekten) bzw. nach den Konventionen der EU die 55- bis 60-Jährigen.

Juhani Ilmarinen hat die altersbezogene Arbeitsfähigkeit in Thesen gefasst:

➜ Die Fähigkeit, die eigene Arbeit gut zu bewältigen, kann mit dem Alter nicht nur abnehmen, sondern auch zunehmen.

➜ Die Defizitvorstellung – „je älter, desto weniger belastbar" – ist falsch. In der Tendenz nehmen die körperliche Arbeitsfähigkeit, Mobilität und Arbeitstempo ab, während Effektivität, geistige Arbeitsfähigkeit und soziales Verantwortungsbewusstsein zunehmen oder zumindest erhalten bleiben.

➜ Diese Veränderungen und die Zunahme psychosozialer Belastungen durch Informationstechnologien und Kommunikationsdienstleistungen fordern Betriebe und Führungskräfte heraus. Im Sinne alternsgerechter Arbeitsgestaltung sind (zeitweise) Entlastung, Veränderungen in der Tätigkeit, Gesundheitsvorsorge und mehr Führungsengagement notwendig.

➜ Wir benötigen insgesamt weniger stereotype Zuschreibung für Jung und Alt und mehr Verständnis in Bezug auf die Rhythmen im Leben sowie die enorme Anpassungsfähigkeit lebender Organismen. Dann gelingt die Entwicklung altersunterschiedlicher Fähigkeiten, was nachweisbar auch wirtschaftlich Erfolg bringt.

➜ Gutes Führungsverhalten der Vorgesetzten lässt ältere Mitarbeiter und Mitarbeiterinnen aufblühen:
  – Autonomie und individuelle Gestaltungsmöglichkeiten (Tempo, Reihenfolge usw.) aktivieren das Selbstmanagement.

- Anerkennung und Respekt multiplizieren die Arbeitsfähigkeit um das 2,4-Fache und
- Wertschätzung sowie gutes Kooperations- und Kommunikationsverhalten sogar um den Faktor 3,6.

Langdauernde Arbeitsfähigkeit und Arbeitszufriedenheit haben günstige Auswirkungen auf das „dritte Alter" nach der Beendigung des Arbeitslebens.
Quelle: Ilmarinen (2002)

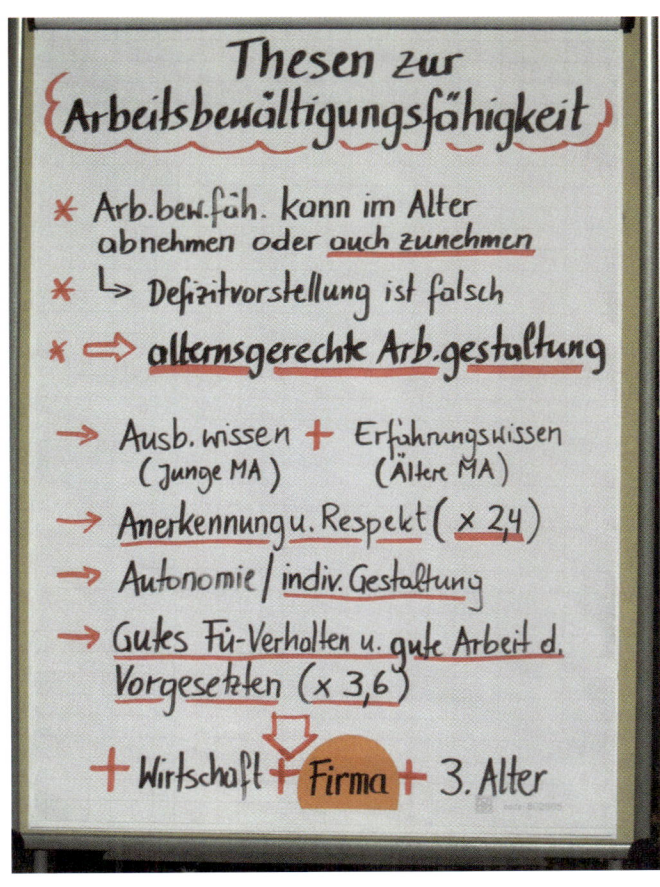

Abb. 65 Thesen zur Arbeitsbewältigungsfähigkeit

Kapitel 6

Für Trainerinnen und Trainer – Angebote zum Nachmachen

Die folgenden Seminarkonzepte sind über viele Jahre entwickelt und in der täglichen Praxis überprüft worden. Die belebende Abfolge von Theorieinputs und Einzel- und Gruppenphasen, gespickt mit Spielen, sind das Erfolgsrezept aller Trainer.

Wähle deine Einstellung – Fish!

„Mitarbeitergespräche sind sinnlos. Dabei kommt nie etwas heraus!" oder „In der anderen Abteilung helfe ich nicht aus. Die sind ja nur unfreundlich!" Ähnliches schon gehört? Mit einer solchen Einstellung schaffen wir uns unsere eigene Wirklichkeit. Das Fatale dabei ist: Schlussendlich haben wir Recht damit – eine selbsterfüllende Prophezeiung! Aber keine Sorge, es funktioniert umgekehrt genauso. Auch die positive Sicht tendiert dazu, sich zu verwirklichen. Wir alle tragen eine Brille, durch die wir in die Welt blicken: entweder eine freundliche (gelbe oder rosarote) Brille oder eine düstere graue. Und was entscheidend ist: Wir können weitgehend selbst bestimmen, welche Brille wir tragen, also mit welcher Einstellung wir an die Dinge herangehen.

Es gibt einschneidende Ereignisse im Leben, da ist Betroffenheit, Sorge oder Trauer angebracht. Aber in den vielen Alltagssituationen liegt es an uns, ob wir Misstrauen, Angst und Ärger vor uns hertragen oder Neugier, Zuversicht und Freude. Unsere Grundeinstellung löst dabei einen Ping-Pong-Effekt aus. Die Einstellung steuert unsere Wahrnehmung: Wir nehmen wahr, was wir erwarten. Wir bekommen also die eigene Einstellung mehrfach gespiegelt nach dem Muster: „Wie du in den Wald rufst, so hallt es zurück!" Die eigene Grundeinstellung wird bei allen Begegnungen sichtbar, durch den Gesichtsausdruck, in der Körperhaltung und in der Sprache.

Es ist wichtig, sich die eigene Einstellung bewusst zu machen. Da Einstellungen zum guten Teil erlernt sind, lassen sie sich auch ändern. Das ist die gute Nachricht: In Alltagssituationen können wir den Schalter für die eigene Einstellung selbst bedienen.

In der Motivationspsychologie unterscheiden wir den Erfolgssucher und den Misserfolgsvermeider. Erfolgssuchende Typen setzen sich realistische Herausforderungen und gehen aktiv, selbstbewusst und eigenverantwortlich an die Umsetzung. Sie haben schon oft erlebt, dass Erfolg ihnen Freude und neue Motivation bringt. Gelingt etwas nicht, probieren sie es neu.

Demgegenüber gehen Misserfolgsvermeider vorsichtig bis ängstlich an Aufgaben heran. Sie brauchen die Sicherheit von Routineaufgaben, um keine Fehler zu machen. Haben Misserfolgsvermeider Erfolg, fühlen sie sich erleichtert. Haben sie Misserfolg, fühlen sie sich bestätigt – „Ich habe es ja so erwartet!"

Das Buch „Fish!" beschreibt die Geschichte einer Einstellungsänderung vom Misserfolgsvermeider zum Erfolgssucher.

Quelle: Lundin, Paul, Christensen (2001)

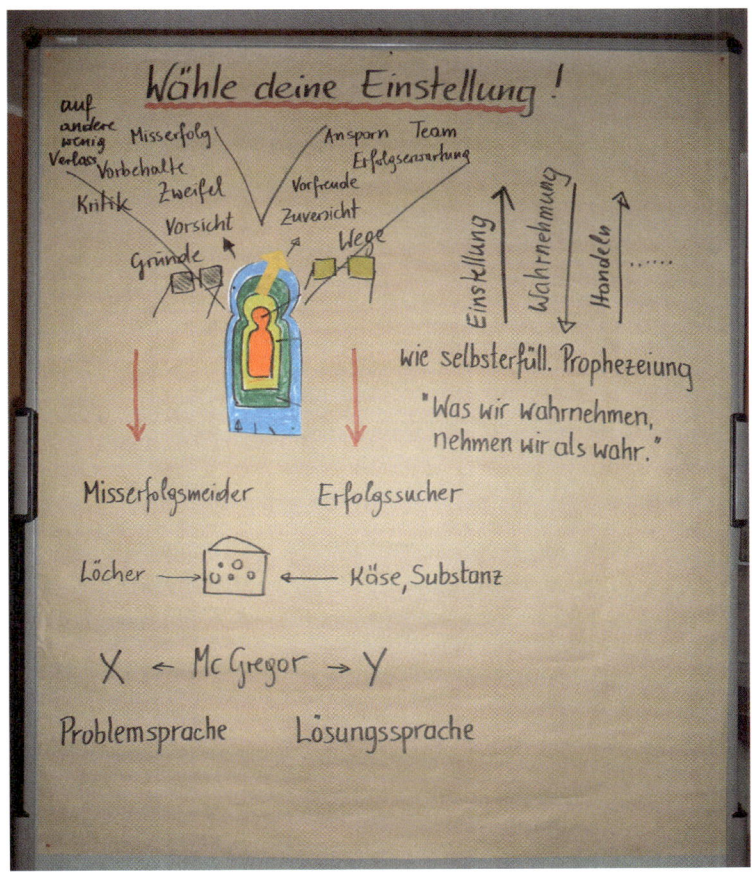

Abb. 66 Wähle deine Einstellung

Das Menschbild von X und Y

„Was wir wahrnehmen, nehmen wir als wahr." (Friedemann Schulz von Thun)

Douglas McGregor hat Menschen je nach ihrer Einstellung gegenüber ihren Mitmenschen in X- und Y-Typen eingeteilt. McGregor war Unternehmensberater und hat das Phänomen der beiden Menschenbilder an Führungskräften beobachtet und beschrieben. Es gilt jedoch in allen Lebenssituationen.

Das Menschbild des X-Typs

Menschen haben aus der Sicht des X-Typs eine angeborene Abneigung gegen Arbeit und Anstrengung. Sie sind einfallslos, außer bei der Umgehung von Vorschriften. Sie wollen keine Verantwortung übernehmen und arbeiten hauptsächlich des Geldes wegen. Der X-Typ wird demzufolge anderen gegenüber strenge Vorschriften erlassen und viel kontrollieren. Das aber führt bei den Menschen in seinem Umfeld auf Dauer zu Abstumpfung und Passivität. Womit der X-Typ sich absolut bestätigt sieht – Menschen sind träge und verantwortungsscheu, sie brauchen deshalb Vorschriften, Druck und Kontrolle!

Das Menschenbild des Y-Typs

Menschen brauchen Aufgaben und Ziele, denen sie sich verpflichtet fühlen. Wer sich mit seiner Aufgabe identifiziert, wird von innen heraus aktiv. Selbstdisziplin führt darum eher zu effektiver Umsetzung, als von außen auferlegte Disziplin. Menschen brauchen einen Entscheidungsspielraum, dann übernehmen sie auch Verantwortung und leisten engagierte Arbeit. Damit kommt auch der Y-Typ absolut zu seiner Wahrheit: „Ich bin von initiativen und verantwortungsbereiten Menschen umgeben, die nur Zutrauen und Handlungsspielräume brauchen, um volles Engagement zu zeigen."

McGregor plädiert dafür, an seiner Einstellung zu arbeiten und sich möglichst vom X- zum Y-Typ zu entwickeln.

Quelle: Ilmarinen, Tempel (2001)

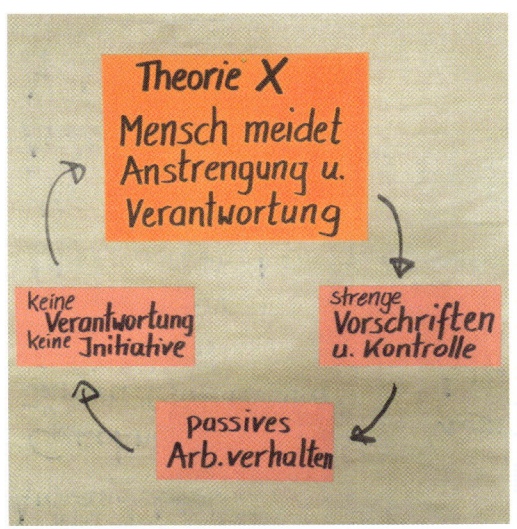

Abb. 67 Theorie X

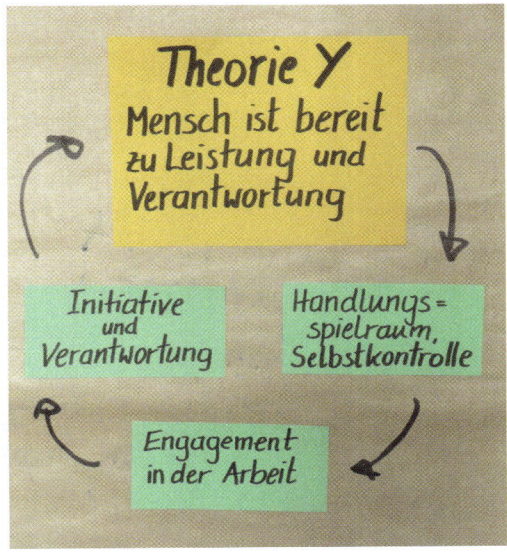

Abb. 68 Theory Y

Problemsprache und Lösungssprache

Wir haben auf den vorangegangen Seiten Grundeinstellungen von Menschen beschrieben: mit dem Bild der beiden Brillen (positiv/zuversichtlich oder skeptisch/negativ), mit der Motivationsausrichtung des Erfolgssuchers bzw. Misserfolgsvermeiders und der Unterscheidung von X-Typ und Y-Typ.

Die Modelle decken sich und die Ausrichtung ist anhand der verwendeten Sprache sichtbar. Die eine Richtung verwendet einen lösungsorientierten Ansatz, die andere einen problemorientierten. Natürlich hat dies selbsterfüllende Auswirkungen in Beruf und persönlichem Erleben. Hier einige Beispiele:

Problemsprache	Lösungssprache
• Was läuft falsch?	• Was funktioniert?
• Wer ist schuld?	• Wie wird es besser?
• Fokus auf Vergangenheit	• Fokus auf Zukunft
• Analyse von Defiziten	• Entwickeln von Ressourcen
• Finden von Gründen, warum etwas nicht funktioniert	• Wege, erste Schritte
	• Inspirierende Ideen zur Lösung
• Langwierige Beschreibung des Problems	• Offensein für Neues
• Haltung des „Besserwissens"	• „Catch them, when they are good!"
• Suchen von Fehlern	• Kritik als Impuls für Verbesserungen
• Kritik wird oft persönlich genommen.	• „Das Glas ist halb voll."
• „Das Glas ist halb leer."	

Eine Fabel von Aesop

Der Fabeldichter Aesop saß eines Tages am Rand der Straße nach Athen, als ihn ein Reisender fragte: „Welche Art von Leuten lebt denn in Athen?" Aesop entgegnete: „Sagt mir erst, woher Ihr kommt und was dort für Leute leben." Stirnrunzelnd sagte der Mann: „Ich komme von Argos. Die Menschen dort taugen nichts, sie sind Lügner, Diebe, ungerecht und streitsüchtig. Ich war froh, von dort wegzukommen." „Wie schade", antwortete Aesop, „dass Ihr in Athen nicht anderes finden werdet."

Gleich darauf kam ein anderer Reisender vorüber und stellte dieselbe Frage, und als Aesop sich auch bei ihm nach seiner Herkunft und den Bewohnern der Stadt erkundigte, meinte dieser: „Ich komme von Argos, wo alle Menschen freundlich, ehrbar und wahrhaftig sind. Ich habe sie ungern verlassen." Da lächelte Aesop und sagte: „Freund, ich freue mich, dass ich Euch sagen kann: Ihr werdet sehen, dass die Menschen in Athen ganz genauso sind."

Die selbsterfüllende Wirkung von Einstellungen in einer Geschichte verpackt.

Seminardesign – Konzept für eine dreitägige Veranstaltung

Jedes Thema im Buch gründet auf jahrelanger Erprobung in der täglichen Seminarpraxis. Meist handelt es sich bei uns um dreitägige Seminare mit 20 Teilnehmenden und zwei Trainern. Seminartitel sind z.B. „Selbstmanagement", „Generation 50+", „Arbeitsbewältigung und Arbeitszufriedenheit", „So halte ich mich beruflich auf Dauer bei Laune" oder „Ich nehme meine Zukunft selbst in die Hand".

Stets geht es dabei um ein Innehalten und Reflektieren der eigenen Situation (dafür sind zumindest drei Tage und drei Nächte hilfreich), aber auch um Angebote in Form von Impulsvorträgen, um den Erfahrungsaustausch und darum, sich konkrete und realistische Ziele „ab sofort" zu setzen. Sehr unterstützend ist dafür eine heitere und vertrauensvolle Seminaratmosphäre. Die vielen Ideen wirken inspirierend, man entwickelt aus passenden Ideen konkrete Pläne und freut sich schon auf die Umsetzung. Das Seminar ist pure Motivation und gibt Freude und Zuversicht für den Berufsalltag mit.

Ablauf des Seminars „Generation 40+ – Wie Arbeit gelingt"

Das Seminar startet am späten Nachmittag mit dem Kennenlernen von Personen und Programm. Die Übung „Ideen im Gehen – Blätterwald" (siehe Einleitung) bewirkt eine erste Auseinandersetzung mit der eigenen Situation.

Jeder Tag startet mit einer Aufwärmübung, einem Warm up (Wup). Das ermöglicht Bewegung und schafft Heiterkeit. Zwei Impulsvorträge führen direkt ins Thema: „Der Aufbau der Persönlichkeit im Modell der Logischen Ebenen" und die Botschaft „Wähle deine Einstellung!". Verarbeitung und Erfahrungsaustausch erfolgen über die Übung „Motivationsbilanz". Am Nachmittag helfen ein Persönlichkeitsmodell, das Richtige für sich auszuwählen und abzuklären, was im eigenen Rahmen der Selbstwirksamkeit realistisch ist.

Der zweite Tag beginnt mit „Warum macht Arbeit glücklich?" anhand der vier E's – Effektivität, Effizienz, Eigenständigkeit und dem Gefühl, eingebunden zu sein.

Die Timeline als Zufriedenheits- und Entwicklungskurve wird zuerst gezeichnet, dann mit Begleitung abgegangen. Das Muster der „Antreiber im Kopf" und die allgemeine und persönliche Beschäftigung mit Zielen folgen.

Der letzte Tag wird inhaltlich nach Bedarfen der Gruppe gestaltet, z.B. mit „Innerer Schweinehund" oder Themen aus dem Selbstmanagement. Das Seminar endet zu Mittag.

Abb. 69 Seminardesign 40+

Seminardesign – „Kreative Lebensplanung"

„Viele Menschen planen ihren Urlaub genauer als ihr Leben." (Vera Birkenbihl)

Das Seminarkonzept der „Kreativen Lebensplanung" folgt dem vom Trainer und Autor Paul Ch. Donders entworfenen „Künstler in dir"-Prozess (Donders 2009). Ausgangspunkt ist die Annahme, dass jeder Mensch aus seinem Leben ein eigenes originelles Kunstwerk schaffen kann und schaffen soll. Fünf Leitfragen bilden den „roten Faden", der durch die einzelnen Stationen des Seminars führt.

Ausgangspunkt ist eine Schatzsuche in der persönlichen Lebensbiografie mit der Leitfrage: „Wo komme ich her?" Hierbei wird dem familiären Erbe ebenso Beachtung geschenkt wie den prägenden Impulsen in der eigenen Lebensspur.

Darauf aufbauend folgt die Potenzialanalyse mit der Fragestellung: „Was steckt in mir?" Mit unterschiedlichen Werkzeugen entwerfen die Teilnehmer ihre herausragenden:

→ Persönlichen Stärken – Über welche persönlichen Stärken verfüge ich?
→ Motivierenden Fähigkeiten – Welche Fähigkeiten motivieren mich besonders, wenn ich sie einsetze?
→ Motivierenden Umstände – Welche Rahmenbedingungen und welches Umfeld beflügeln mich?
→ Persönlichen Werte – Was ist für mich bedeutsam und wichtig?

Diese Stärken, Fähigkeiten, Umstände und Werte werden in Pyramiden nach Priorität geordnet. Ausgehend von einem vertieften Wissen um das eigene Potenzial sowie die persönlichen Motivationsdynamiken, wird der Blick in die Zukunft gelenkt: „Wo will ich hin?" Ein Zukunftsbild mit Zugkraft (Vision) wird mittels der Methode der „Kreativen Reise in die Zukunft" entworfen.

Daraus werden strategische Ziele und konkrete Umsetzungsschritte geplant. Das Thema Selbstführung bzw. Selbstentwicklung bildet gleichsam eine Zusammenschau aller Aspekte gelungener und effektiver Lebensgestaltung und findet seinen Abschluss im übersichtlichen „Lebens-Spielplan": „Wie trainiere ich mich selbst?"

Um die Umsetzung sicherzustellen, bildet das Thema Mentoring – „Wer hilft mir dabei?" – den Schlusspunkt der Seminararbeit.

Abb. 70 Seminardesign – Kreative Lebensplanung

ZRM®-Trainingsablauf

Um die Reihenfolge der einzelnen Trainingsphasen des Zürcher Ressourcen Modells einzuhalten, zeigt die Übersicht die fünf Hauptphasen des Trainings. Das ist wichtig, weil das Training stufenweise aufgebaut ist und die Logik dahinter nur aufgeht, wenn man sich den fünf Phasen in der folgenden Reihenfolge widmet:

→ Phase 1: Mein aktuelles Thema klären
→ Phase 2: Vom Wunsch zu meinem Motto-Ziel
→ Phase 3: Vom Motto-Ziel zu meinem Ressourcenpool
→ Phase 4: Mit meinen Ressourcen zielgerichtet handeln
→ Phase 5: Integration, Transfer und Abschluss

Gruppengröße

Um den erwarteten Ertrag des Trainings zu gewährleisten, ist eine maximale Anzahl von zwölf Teilnehmenden zu beachten. Die Teilnehmenden durchlaufen während des Trainings einen intensiven Entwicklungsprozess, weshalb hoher individueller Betreuungsaufwand notwendig ist.

Zubehör

Die Räumlichkeiten sind am besten so zu wählen, dass sich sowohl Kleingruppen in einzelnen Räumen aufhalten können, als auch ein Plenumsraum zur Verfügung steht.

In punkto Sitzordnung hat sich ein Sesselkreis bewährt. Am Rande stehende Tische können bei Bedarf für Schreibarbeiten oder in der Kleingruppenarbeit genutzt werden. Außerdem sollte die Ausstattung beinhalten:

→ Pinnwände (je eine pro vier Teilnehmende für die Ergebnisgalerie)
→ 1 Bildkartei
→ 1 Musikabspielgerät
→ Entspannungs- und Pausenmusik
→ Malpapier, Malstifte
→ Flipchart, Papier, Filzstifte

Quelle: Storch, Krause (2014)

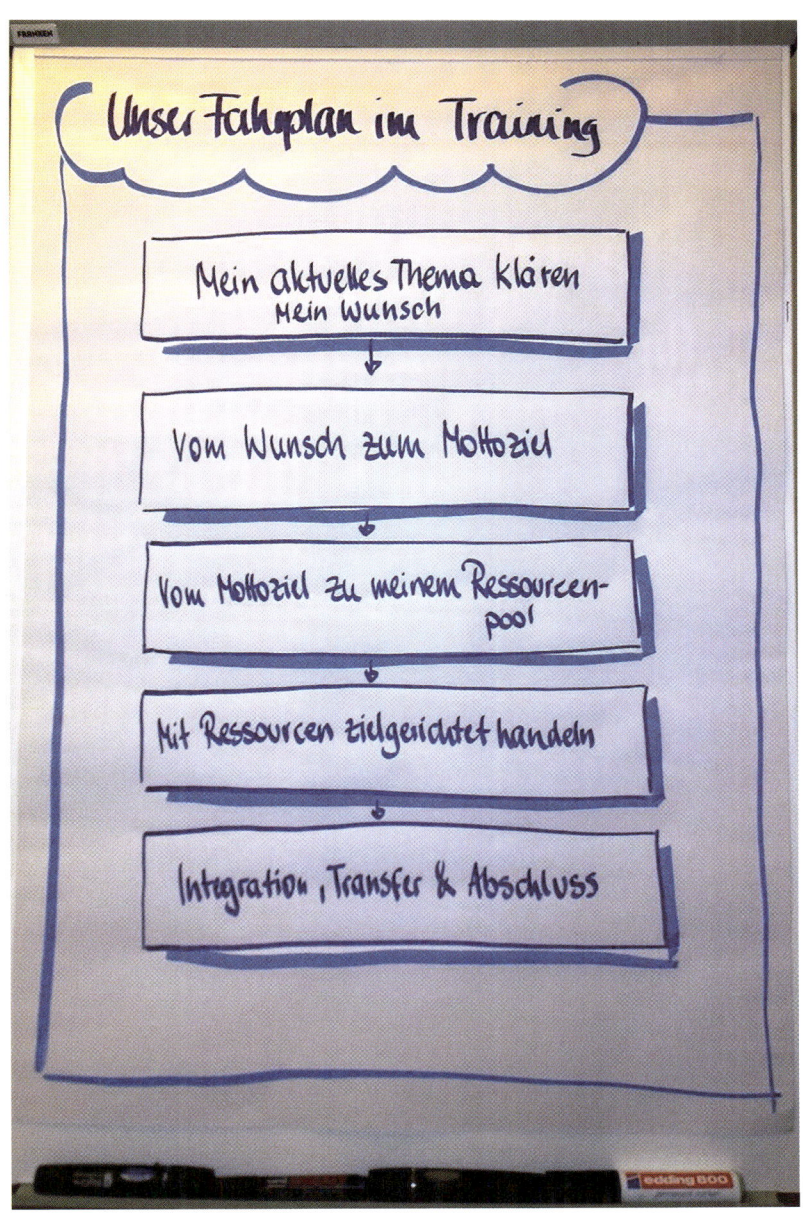

Abb. 71 Ablauf ZRM- Training

Für Führungskräfte und Unternehmen – Mit Business-Resilienz für stürmische Zeiten gerüstet

Resiliente Führung und die Entwicklung von Business-Resilienz helfen bei der Bewältigung von Change-Prozessen und Krisen. Mit verschiedenen Modellen zur Erklärung des Verhaltens von Menschen und der Struktur von Persönlichkeit haben Führungskräfte Werkzeuge zur besseren Bewältigung ihrer Leadership-Aufgaben zur Verfügung. Angebote, wie Sie als Führungskraft die Entwicklung der Resilienz Ihrer Mitarbeiter fördern können, unterstützen Sie in Ihrem täglichen Tun.

Führung in Balance

Gelungene Führung ist heute eine komplexere Aufgabe als noch vor einigen Jahren. Die vielfältigen Anforderungen „zwingen" Führungskräfte förmlich, in unterschiedlichen Bereichen Qualitäten zu entwickeln. Ein hilfreiches Modell zur Reflexion der eigenen Führungsthemen ist das „Value integrated Leadership"-Modell von Paul Donders und Johannes Hüger (2011). Die Autoren beschreiben Führungsqualität als Balanceakt zwischen

➜ Menschen- und Ergebnisorientierung sowie
➜ Kompetenz- und Haltungsorientierung.

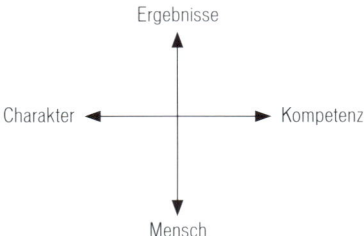

Aus dem entstandenen Achsenkreuz ergeben sich vier Quadranten:
➜ Managementkompetenz,
➜ Soziale Kompetenz,
➜ Selbstverantwortung und
➜ Soziale Verantwortung.

Die gesunde Ausgewogenheit dieser Felder bringt ganzheitliche Führungsstärke. Die Mitte, gleichsam den Kern des Führungsbalancemodells, bildet die Identität der Führungsperson. Je stärker diese ausgeprägt ist, umso stabilisierender wirkt sie auf die anderen Bereiche. Somit berücksichtigt das Modell auf anschauliche Weise, dass „soft skills" ebenso wichtig sind wie „hard facts".

Abb. 72 Führung in Balance

Grundregeln resilienzorientierter Führung

Um Resilienz in der Führung zu fördern, bieten sich einige Prinzipien zur Orientierung an. Christina Maslach, eine US-amerikanische Sozialpsychologin, die an der Definition des Burnout-Syndroms beteiligt war, fasst die Grundregeln resilienzorientierter Führung in folgenden Prinzipien zusammen:

➜ Arbeitsmenge
  – Handhabbare Arbeitsmenge, die Erholung möglich macht
  – Stimmigkeit zwischen Aufgabe und Fähigkeiten des Mitarbeiters
➜ Gestaltungsmöglichkeiten und Spielraum
  – Möglichkeit, die Arbeit in einer Art und Weise zu gestalten, die man selber für die beste hält
  – Kein Micro-Management (alles im Detail angeordnet)
➜ Belohnung und Anerkennung
  – Angemessenheit der finanziellen Entlohnung
  – Soziale Anerkennung durch Vorgesetzte und Kollegen
➜ Arbeitsklima und Kollegialität
  – Gute kollegiale Beziehungen
  – Angemessene Austausch- und Gesprächsmöglichkeiten
  – Konstruktiver Umgang mit Konflikten
➜ Transparenz und Gerechtigkeit
  – Faire und nachvollziehbare Verteilung der Arbeit
  – Gleicher Lohn und gleiche Wertschätzung für gleichwertige Arbeit
  – Kein politisch-taktierendes oder berechnendes Verhalten
➜ Sinnhaftigkeit der Arbeit
  – Moralische Vertretbarkeit der zu leistenden Arbeit und deren Übereinstimmung mit den eigenen Werten
  – Ethische Vertretbarkeit der Produktionsweise und der Produkte; ethischer Umgang mit Mitarbeitern

Quelle: Drath (2014)

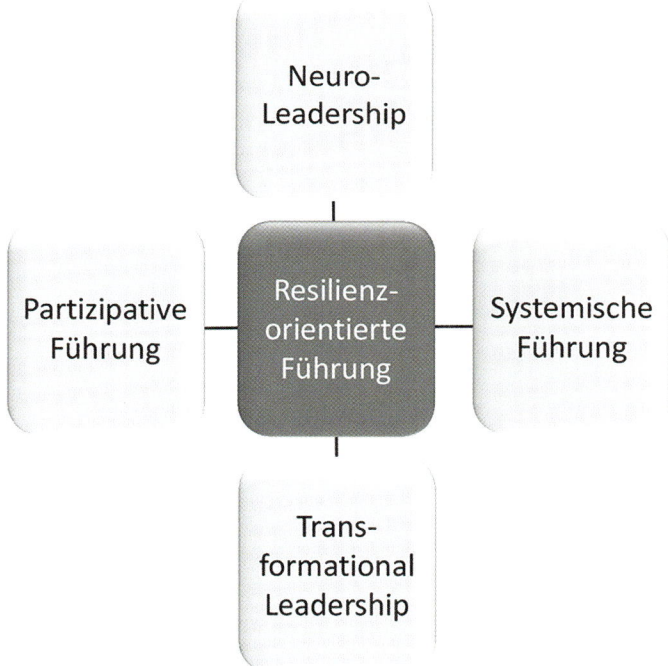

Abb. 73 Die Fundamente resilienzorientierter Führung

Die neurobiologischen Wissenschaften bieten nachvollziehbare Prinzipien an, um resilienzfördernd zu handeln. Hier sind einige Grundregeln, die als Konsequenz daraus hervorgehen.

Zugehörigkeit und Verbundenheit

→ Mitarbeitenden mit Interesse begegnen und sie als Menschen wertschätzen

→ Deren Stärken und Schwächen kennenlernen

→ Mitarbeitende bei wesentlichen Entscheidungen aktiv um ihren Input und ihre Meinung bitten, unter der Prämisse, dass die letztendliche Entscheidung bei der Führungskraft liegt

→ Ehrliche Wertschätzung zeigen, adäquat mit Emotionen umgehen

→ Mitarbeitende fragen, wie es ihnen geht, und der Antwort interessiert und mit Anteilnahme zuhören

→ Förderung der Akzeptanz unterschiedlicher Charaktere und deren Kooperation im Team

Wachstum und Entwicklung

→ Mitarbeitende aktiv in ihrer langfristigen, persönlichen und professionellen Entwicklung fördern

→ Mitarbeitenden regelmäßig entwicklungsorientiertes, ehrliches Feedback (Lob und Kritik) geben

→ Kalkulierte Risiken eingehen und Mitarbeitenden eine Erweiterung ihrer Aufgabenfelder verbunden mit unterstützendem Coaching anbieten

→ Im Falle eines Fehlers nicht Schuldige suchen, sondern gemeinsam das Problem lösen und sicherstellen, dass aus dem Fehler die nötigen Erkenntnisse und Verhaltensänderungen für alle abgeleitet werden

Selbstwert und Status

→ Freundliche Umgangsformen

→ Nachvollziehbare, faktenorientierte und auf Entwicklung bedachte Kritik

→ Organisatorische Rahmenbedingungen transparenter machen

→ Die Erwartungen der Mitarbeitenden frühzeitig und klar managen. Ungerechtigkeiten so gering wie möglich halten und wenn nötig, die Verantwortung dafür übernehmen

→ Wertschätzende Rückmeldungen und ehrlich gemeinter Dank für das Engagement und den Beitrag von Mitarbeitenden

→ Berücksichtigung der individuellen Werte und Haltungen

Orientierung und Kontrolle

→ Mitarbeitenden relevante Informationen in geeigneter Weise aktiv zugänglich machen

→ Berechenbares, zeitnahes und nachvollziehbares Treffen von Entscheidungen, die sich wahrnehmbar an einer groben Richtung orientieren

→ Demokratischer, transparenter und gerechter Umgang mit Informationen

→ Offenen Diskurs mit Mitarbeitenden suchen

Autonomie und Selbstwirksamkeit

→ Anstatt einzelner Aufgaben größere Verantwortung an Mitarbeitende delegieren, gekoppelt mit klaren Erwartungen sowie dem Angebot zur Unterstützung und Rückmeldung

→ Delegation als Personalentwicklung und nicht nur als Problemlösung begreifen

→ Abhängig von Persönlichkeit, Erfahrung und Motivation die „Länge der Leine" variieren und Mitarbeitenden situativ die Möglichkeit geben, sich Ihr Vertrauen zu verdienen

→ Eigene Problemstrukturierung und -lösung von Mitarbeitenden einfordern und fördern

Fairness und Angemessenheit

→ Leistungsgerechte, nachvollziehbare und faire Entlohnung und Förderung von Mitarbeitenden

→ Gehälter, die sich am Branchendurchschnitt orientieren und Führungskräfte sowohl an Chancen als auch an Risiken angemessen beteiligen

→ Personalentscheidungen so transparent, nachvollziehbar und offen wie möglich kommunizieren und diesbezüglich den offenen Austausch mit den Mitarbeitenden suchen

→ Adäquat und kompetent mit aufkommenden Emotionen umgehen

Quelle: Drath (2014)

Business-Resilienz

„Resilienz meint die Fähigkeit der Biegsamkeit, der strategischen Antwort, des Robusten, das auf Sensibilität, Einfallsreichtum, Innovation beruht." (Matthias Horx)

In einer Zeit, in der die einzig verlässliche Konstante die Veränderung ist, wird unternehmerische Resilienz immer mehr zum strategischen Schlüsselfaktor. Gemeint ist die Kraft einer Organisation, trotz schneller Veränderung, steigender Unsicherheit, Komplexität und Widersprüchlichkeit selbstbestimmt, proaktiv und wirkmächtig zu agieren.

Organisationen scheitern in Phasen der Krisen und Erschütterungen oft daran, dass sie nicht bereit sind, erfolgreiche Muster der Vergangenheit zu verlassen. Daher spielen Führungskräfte und deren Krisenkompetenz hier eine zentrale Rolle.

Die fünf Dimensionen organisationaler Resilienz weisen hier den Weg (Starecek, 2013):

1. **Diversität** – Vielfalt und Unsicherheitstoleranz: Für die Anpassungsfähigkeit eines Systems in der Krise ist die innere Vielfalt und die bewusste interaktive Nutzung dieser Ressource von Bedeutung.

2. **Einfallsreichtum** – Ressourcennutzung und Beziehungsfähigkeit: Gerade Ressourcenknappheit führt, positiv genutzt, paradoxerweise zu Kreativität und Innovation. Grundlage dafür ist jedoch, dass es vielfältige Rückkopplungsschleifen gibt, in denen intensiv ungewöhnliche Szenarien interaktiv durchdrungen werden.

3. **Robustheit** – Flexibilität und Identität: Die stark ausgeprägte Identität einer Organisation bildet die Grundlage für jene Flexibilität, die eine Erstarrung in der Krise verhindert und Turbulenzen in Lernerfahrungen verwandelt.

4. **Antizipation** – Signalresonanz und Experimentierfreudigkeit: Das achtsame Wahrnehmen von leisen Signalen der Veränderung, gepaart mit der Fähigkeit, potenzielle Gefährdungen zu erkennen, sind wichti-

ge Grundvoraussetzungen für immer wieder notwendige Anpassungs-
prozesse, die experimentell vorbereitet werden können.

5. **Ausdauer** – Beharrlichkeit und Leidensfähigkeit: Last but not least ist
   die individuelle Resilienz der einzelnen Mitglieder einer Organisation
   von zentraler Bedeutung, um mit der nötigen Zähigkeit und Leidensfähigkeit schwierige Phasen erfolgreich abfedern zu können.

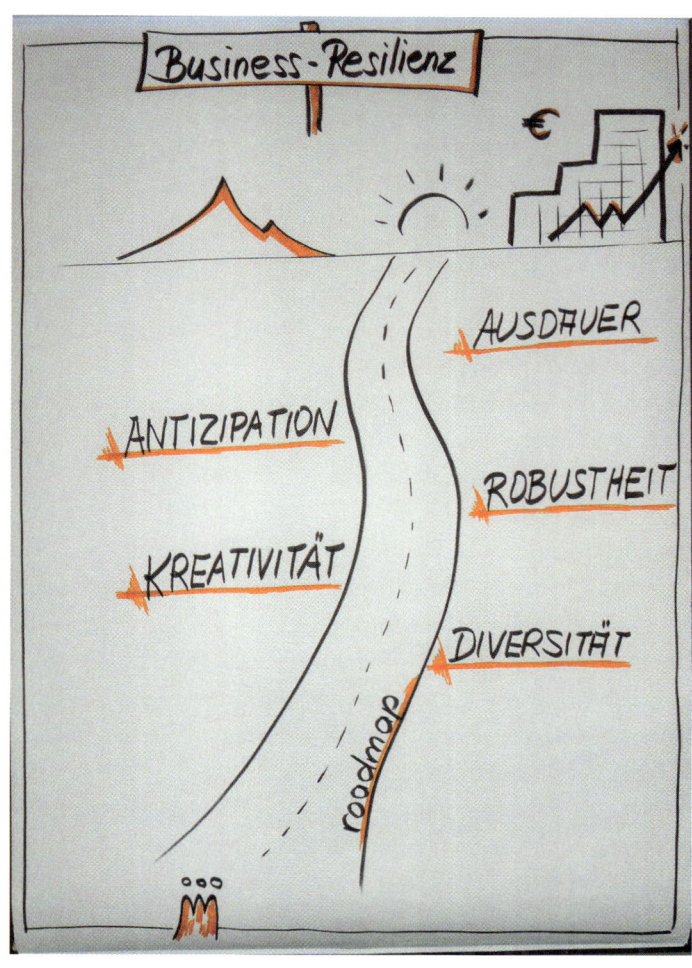

Abb. 74 Business-Resilienz

Anerkennungsgespräch - Wertschätzung macht die Arbeit schöner!

Jeder Mensch hat – wenn auch in unterschiedlichem Ausmaß – das Bedürfnis nach Wertschätzung und Anerkennung, nach Wahrgenommenwerden und Resonanz auf seinen Beitrag zum Unternehmen. Manche Menschen blühen buchstäblich auf, wenn Vorgesetzte ein Arbeitsergebnis, eine Verhaltensweise, eine besondere Leistung wahrnehmen und das auch sagen.

Wie kann positives Feedback akzeptabel formuliert werden? Folgende Ablaufstruktur hat sich sehr bewährt:

➜ Stellen Sie Kontakt her, sorgen Sie für ein gutes Klima und nennen Sie den Anlass für das Gespräch bzw. das Thema.

➜ Beschreiben Sie sehr konkret, was genau Sie zur Anerkennung veranlasst. Details mit Datum aus eigener Beobachtung sind sehr wirkungsvoll.

➜ Beschreiben Sie die positive Auswirkung der Leistung.

➜ Fragen Sie nach, wie Ihr Gegenüber diese Leistung geschafft hat, und hören Sie die Erklärungen auch an.

➜ Drücken Sie Ihre persönliche Freude, Ihren Stolz aus und bedanken Sie sich. Die Aufforderung, so weiter zu machen, ist in der Anerkennung schon impliziert und wirkt daher eher kontraproduktiv.

Solche Gespräche finden wie Kritik unter vier Augen statt, weil öffentliche Anerkennung für Einzelne meist negative gruppendynamische Folgen hat. Durch das Herausheben aus der Gruppe gerät die Person in einen Loyalitätskonflikt zwischen Gruppe und Leitungsperson. Wählen Sie also eine geeignete Situation. Wenn ganze Abteilungen oder Teams anzuerkennende Leistungen erbracht haben, ist Öffentlichkeit jedoch ein geeigneter zusätzlicher Anreiz.

Achtung vor Übertreibungen, bleiben Sie echt! Wertschätzung ist in allen (Arbeits-)Beziehungen möglich und wünschenswert, Lob wird meist nur in hierarchischen Verhältnissen von oben nach unten gegeben.

Abb. 75 Lob und Anerkennung tun jedem Menschen gut.

Resilienzförderung in Notfallsituationen

Immer wieder sind Führungskräfte mit akuten Notfallsituationen, vielleicht auch mit traumatischen Erfahrungen im eigenen Leben wie auch im Leben ihrer Mitarbeiter konfrontiert. Selbst wenn die betroffenen Personen als stressresistent und widerstandsfähig gelten, bringen massiv krisenhafte Ereignisse deren Leben grundlegend aus dem Gleichgewicht. Nichts ist mehr, wie es vorher war. Resilienz kann hier, neben der Kraft solche Einschnitte abzufedern, als die Fähigkeit beschrieben werden, aus dem Ungleichgewicht zu einer neuen Normalität zu gelangen. Hierzu gilt es, personale wie auch externe Ressourcen zu aktivieren.

Barbara Juen, Heidi Siller und Sandra Nindl (2013) nennen in Anlehnung an Stevan E. Hobfoll (2007) fünf Kernelemente, die Resilienz auch in akuten Notfallsituationen gezielt fördern:

1. **Förderung von Sicherheit:** Der Einstieg in ein sicherndes Hilfssystem ist das Bereitstellen von sicheren Orten und das Zur-Verfügung-Stellen von verlässlichen Ansprechpersonen, die auf der Suche nach stabilisierenden Handlungsschritten unterstützend tätig sind.

2. **Förderung von Selbstwirksamkeit:** In der Krisenintervention ist es von zentraler Bedeutung, dass Handlungs- und Entscheidungsfähigkeit der Betroffenen so gestärkt werden, dass sie sich vom „passiv erlebten Opfer" zum „aktiven Überlebenden" entwickeln können.

3. **Förderung von Ruhe:** Gemeint sind hier Distanzierungsmöglichkeiten, ruhige Räume, Spiele und Ablenkungsmöglichkeiten, sprich emotionale Pausen (Ruheinseln). Diese zu schaffen, ohne Betroffene darin ganz alleine zu lassen, ist hilfreich.

4. **Förderung von Verbundenheit:** Soziale Unterstützung zählt zu den wirksamsten Stabilisierungsfaktoren, daher ist es enorm wichtig, familiäre und soziale Netzwerke gezielt zu aktivieren.

5. **Förderung von Hoffnung:** In der Akutphase wird darunter die Vermittlung des Selbstvertrauens zur Bewältigung der nächstmöglichen Schritte in die Zukunft verstanden. Selbst dann, wenn diese im Augenblick für die Betroffenen noch unvorstellbar scheinen.

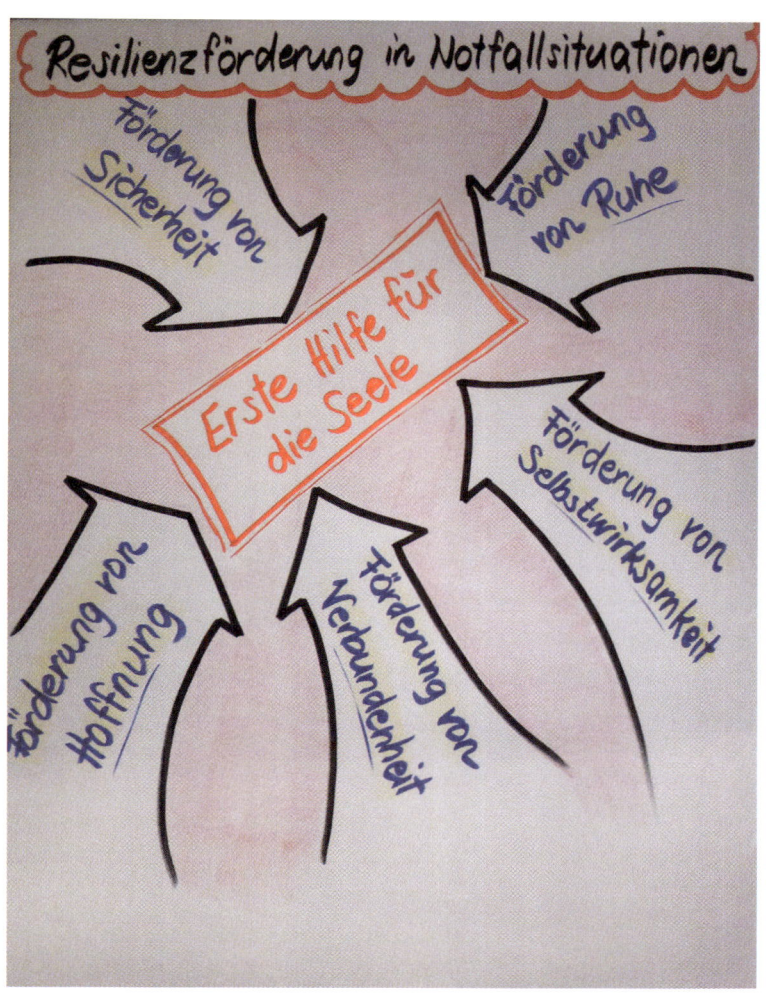

Abb. 76 Resilienzförderung in Notfallsituationen

Wachstumsphasen und Wachstumskrisen einer Organisation

Die Kenntnis des Phasenmodells nach Larry E. Greiner (2000) kann jeder Führungskraft helfen, die Entwicklungsthemen der jeweils typischen Phasen zu erkennen und entsprechend abfedernd darauf zu reagieren.

Greiner nennt die Phase des Neuaufbruchs **Pionierphase**. Sie ist geprägt von Enthusiasmus, Dynamik und Kreativität, Freiraum und „Heldentum". Das Gefühl „alles ist möglich" beschreibt oft die vorherrschende Stimmung.

Jedes Wachstum bringt jedoch auch „Wachstumsschmerzen" und diese verdichten sich und führen zu Wachstumskrisen. Daraus entsteht die **Autoritätskrise**. Die Dynamik des Anfangs wird zum Chaos und ruft nach Struktur, Ordnung und Führung. Diese Krisenthematik weist bereits den Weg in die **Direktive Phase**. Jetzt werden Systeme entwickelt, Rollen geklärt, Aufgaben verteilt. Die Dynamik „alle machen alles" ist nun endgültig vorbei.

Durch Kontroll- und Führungssysteme, die als starr und lähmend erlebt werden, entsteht ein immer stärker werdendes Autonomiebedürfnis und es kommt zur **Autonomiekrise**. Hier starten einzelne Personen Neues, Eigenes und brechen aus dem für sie zu eng gewordenen System aus.

Gelingt der konstruktive Übergang in die **Delegative Phase**, entsteht durch Delegation neuer Freiraum. Verantwortung und Autorität über Teilbereiche wird übertragen und neue „Königreiche", in denen sich Einzelne verwirklichen können, entstehen. Die Leitung bekommt nun eine stärker unterstützende Rolle.

Nun wird es unübersichtlich, Misstrauen breitet sich aus. Es entsteht nicht nur die Dynamik, dass „jeder macht, was er will", sondern auch die Gefahr von „Spin off"-Phänomenen, Teilbereiche drohen sich zu verselbstständigen.

Die **Kontroll- bzw. Vertrauenskrise** entfaltet ihre enorme Sprengkraft. Nur starke koordinative Führung (meist im Team) mit der Bereitschaft, durch intensive Kommunikation Klarheit zu schaffen und Vertrauen wiederherzustellen, kann die Organisation in die **Koordinationsphase** führen. Die gemeinsame Vision muss nun neu definiert werden, neue Strukturen etabliert und klare Kommunikationslinien geschaffen werden.

Kann eine Organisation die **Bürokratiekrise**, in der Abläufe wichtiger werden als Problemlösungen, überwinden, ist der Weg frei für wirkliche Multiplikation. Anstelle von Anleitung, wie es laufen muss, erfolgt nun Zusammenarbeit der Linienmanager. Teamgeist und Teamplay sind, bei aller Anstrengung, die Erfolgsfaktoren in der folgenden **Kooperationsphase**.

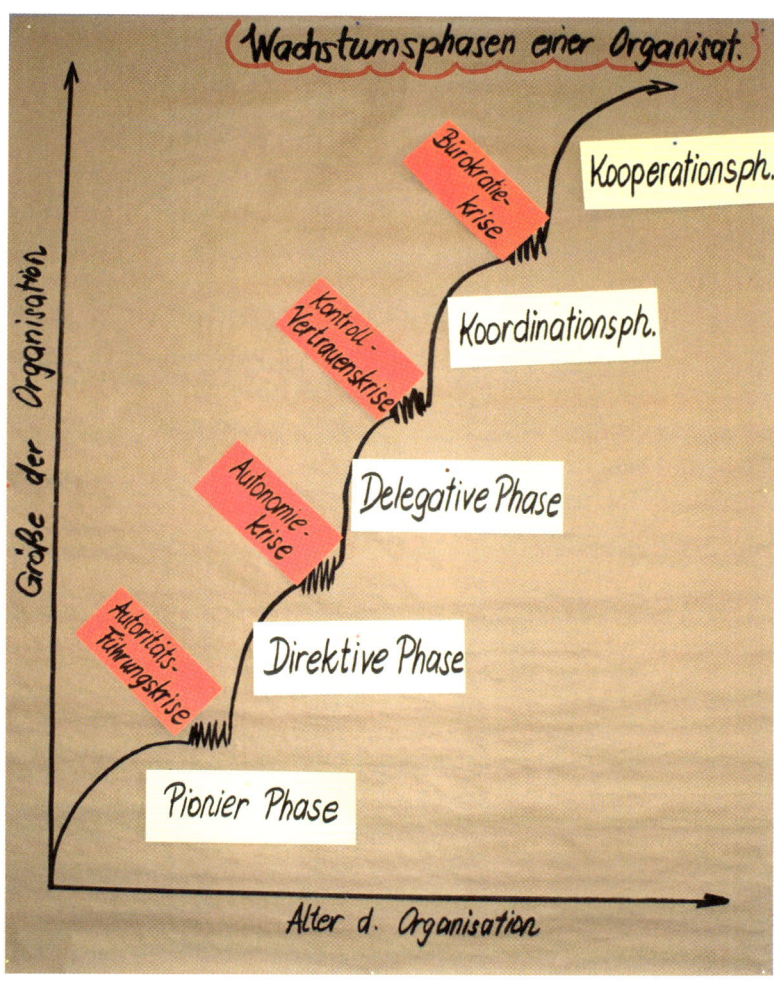

Abb. 77 Wachstumsphasen und Wachstumskrisen einer Organisation

Typische Phasen einer Krise

Elisabeth Kübler-Ross beschreibt unterschiedliche Phasen, die Menschen durchlaufen, wenn sie mit Krisen konfrontiert sind. Ihre Erkenntnisse aus der Sterbeforschung bilden die Grundlage für verschiedene Krisenverlaufsmodelle.

Die Kenntnis unterschiedlicher Phasen und deren spezieller Dynamik ist gerade für Führungskräfte hilfreich, um passgenaue Unterstützungsmaßnahmen ergreifen zu können.

1. **Schock:** Die erste Reaktion auf eine Krise ist oft eine „Nichtreaktion" – eine Art Lähmung. Überrascht und fassungslos findet man weder Worte noch innere Reaktionsmuster und erstarrt.

2. **Verleugnung:** Darauf folgt die Verleugnung, ein Nicht-wahrhaben-Wollen.

3. **Ärger:** Die „Schreckstarre" wird häufig von starken Emotionen abgelöst. Gefühle wie Ärger, Wut, Frustration und Enttäuschung prägen diese Phase.

4. **Einsicht (rationale Akzeptanz):** Auswirkungen werden gedanklich ausgelotet. Dies ist nur möglich, wenn eine gewisse emotionale Distanz gelingt.

5. **Depression und Trauerarbeit:** Nach den energieraubenden Emotionsphasen der Wut und der inneren Verhandlung kommt oft die Resignation. Hier fehlt jede Antriebsenergie. Man kann in jeder Phase „stecken bleiben" und diesen Zustand „chronifizieren". In der Depressionsphase ist das am gefährlichsten. Gelingt die Trauerarbeit und das Verabschieden des Alten, entsteht Offenheit für Neues.

6. **Akzeptanz (emotional):** Die neuen, manchmal schmerzhaften Tatsachen werden nun akzeptiert. Gelingt der versöhnte Umgang damit, im Sinne von „es darf gewesen sein" oder „es ist nun so, wie es ist", tauchen neue Sichtweisen auf.

7. **Experimentieren und integrieren:** Nun ist der Weg frei, um neue Wege und Lebensentwürfe auszuprobieren und bei „Erfolg" zu integrieren.

Die neuere Forschung bestätigt die klassischen Themen im Krisenverlauf, betont jedoch, dass die oben beschriebenen Phasen nicht in dieser Form aufeinanderfolgen müssen, sondern die Abfolge von Person zu Person verschieden sein kann.

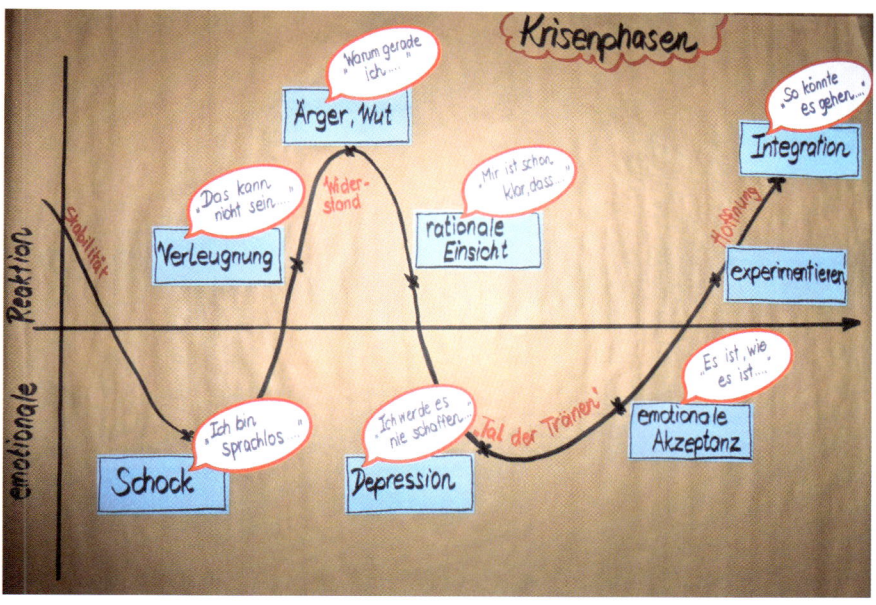

Abb. 78 Typische Phasen einer Krise

Road to Resilience – Von der Macht der kleinen Schritte

„Die größte Überraschung an der Resilienz ist das Gewöhnliche. Die Fähigkeit, zu denken, zu lachen, zu hoffen, zu handeln, um Hilfe zu bitten, sie anzunehmen und dem Leben einen Sinn zu geben. Nur ist das Gewöhnliche eben oft nicht einfach." (Ann S. Masten)

Entscheidend in einer Belastungssituation ist die Ausgewogenheit der einzelnen Resilienzfaktoren. Nur im Zusammenspiel entfalten die einzelnen Faktoren ihre abfedernde Wirkung und balancieren sich gegenseitig aus. In der isolierten Übertreibung kann jeder Faktor ein Problem darstellen und verliert so auch seine schützende Funktion. In der persönlichen Meisterschaft des Lebens ist die Entwicklung einzelner Faktoren ebenso wichtig wie deren dynamisches, sich ergänzendes Zusammenwirken in der Krisensituation.

Die notwendige Basis für ein gezieltes Resilienztraining ist eine ausgewogene Lebensführung sowie die „life skills" der WHO (1994), die mit den Resilienzfaktoren eng korrelieren. Es geht bei Resilienz jedoch um wesentlich mehr, als um das Verhindern von Burnout und den Aufbau einer „gesunden" Lebensbalance. Diese alleine garantiert uns noch keine resiliente Grundkompetenz, die als innere Spannkraft und Gestaltungskraft auch in krisenhaften Lebenssituationen dynamisch wirkt.

Sylvia Kéré Wellensiek (2011) konnte mittels einer Evaluationsstudie zeigen, dass ein gezieltes, professionelles Resilienztraining nicht nur das Wohlbefinden der einzelnen Teilnehmer deutlich hebt, sondern auch die Selbstwirksamkeitserwartung in verschiedenen, herausfordernden Alltagssituation in der Arbeit wesentlich steigert.

Abb. 79 Road to Resilience

Vier Schritte, um Resilienz aufzubauen

Nur vier Schritte werden gebraucht, um eine gute Basis für Resilienz aufzubauen. Es ist nicht schwer, sich diese vier Schritte zu merken. Sie zu leben, benötigt dagegen Konsequenz und Ausdauer.

1. Wach auf!

Seien Sie präsent und aufmerksam und versuchen Sie, nicht von Tagträumen oder Gedankenausflügen abgelenkt zu werden. Machen Sie sich bewusst, wo Sie gerade sind und was Sie machen. Versuchen Sie, Ihre Umgebung und Ihren Körper zu spüren. Nur im Zustand der Aufmerksamkeit im „Hier und Jetzt" schaffen Sie die Verbindung zu all Ihren Sinnen. Athleten, Ärzte oder Künstler berichten, in einem gewissen Sinneszustand zu sein, wenn sie Höchstleistungen erbringen. Sie sind dann komplett bei der Sache und der Verstand hört auf zu wandern und zu springen. Der Glücksforscher Mihály Csikszentmihály nennt diesen Zustand „Flow": das völlige Vertiefen und Aufgehen in dem, was gerade ist.

2. Kontrolliere deine Aufmerksamkeit!

Oft wirkt es, als hätten wir keine Kontrolle über unsere Aufmerksamkeit. Gute Gesprächspartner besitzen die Fähigkeit, Menschen während eines Gesprächs ihre ungeteilte Aufmerksamkeit zu schenken; bei ihnen fühlen wir uns persönlich gemeint. Präsenz kann man üben, indem man immer wieder versucht, die Aufmerksamkeit auf eine bestimmte Sache zu lenken. Vor allem anfangs kann es passieren, dass die Gedanken abschweifen. Versuchen Sie, die Aufmerksamkeit wieder in die Gegenwart zu lenken. Nicht frustriert sein! Das braucht Übung.

3. Löse dich!

Sich loszulösen ist die Fähigkeit, Abstand zu Situationen, die einen beschäftigen, zu finden. So ist man imstande, die Perspektive nicht aus den Augen zu verlieren; man lässt Situationen nicht über sich hereinbrechen. Fokussieren Sie sich nur auf Dinge, die Sie kontrollieren können, und bleiben Sie nicht an Dingen hängen, die Sie nicht verändern können. Die Buddhisten sprechen davon, nicht „anzuhaften". Resilienz zeichnet sich dadurch aus, einen klaren Unterschied zwischen Sorge und Fürsorge erkennen zu können. Sich um Dinge oder Menschen zu kümmern, ist essenziell. Sich andauernd Sorgen zu machen hingegen Zeitverschwendung.

4. Lass es los!

Der Grund, warum wir häufig über schon lange zurückliegende Dinge nachdenken, ist, weil wir oft nicht loslassen können. Oft sind es Kleinigkeiten, an denen wir hängen bleiben. Verschwenden Sie Ihr Leben nicht an Belanglosigkeiten. Entscheiden Sie sich dafür, loszulassen! Als man Nelson Mandela fragte, ob er nicht böse sei, dass er sein halbes Leben lang im Gefängnis saß, antwortete er: „Wenn ich der Meinung wäre, dass so zu denken nützlich sei, wäre ich es."

Quelle: Petrie (2014)

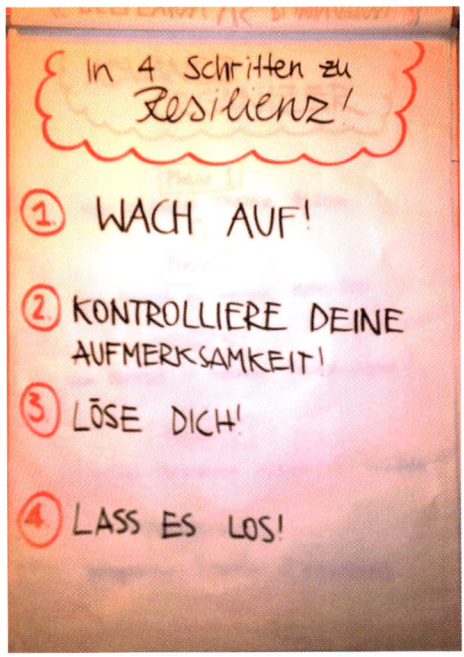

Abb. 80 Vier Schritte, um Resilienz aufzubauen

Das persolog®-Verhaltensprofil mit den DISG-Verhaltensdimensionen

„Der Erfolgreiche überprüft seine Begabungen und Fähigkeiten, ehe er seine Ziele steckt." (Vera F. Birkenbihl)

Eine bewährte Möglichkeit der professionellen Selbstreflexion für Führungskräfte bietet das persolog®-Modell. In vier Quadranten werden Verhaltensdimensionen in ihren unterschiedlichen Ausprägungen beschrieben. (Geier, 2013)

Dominante Verhaltensdimensionen	Initiative Verhaltensdimensionen
• Ziel: das Umfeld formen; Widerstand überwinden, um Ergebnisse zu erzielen	• Ziel: das Umfeld formen; andere einbinden, um Ergebnisse zu erzielen
• Grundangst: bezwungen zu werden	• Grundangst: benachteiligt zu werden
• Grundbedürfnis: unabhängig zu sein	• Grundbedürfnis: akzeptiert zu sein
• Motivation: Möglichkeiten, sich zu behaupten; sich mit anderen messen; zeigen, was man kann; sich Respekt verschaffen; sich durchsetzen; gefürchtet sein; um das Überleben kämpfen; erfolgreich sein	• Motivation: Möglichkeit, Spaß zu haben; die Gefühle anderer verstehen; mit Menschen umgehen; Angst unterdrücken, indem man in Bewegung bleibt und Zeit und Mühe nicht aufrechnet
Gewissenhafte Verhaltensdimensionen	**Stetige Verhaltensdimensionen**
• Ziel: mit anderen über mögliche Konsequenzen von Aktivitäten reden	• Ziel: mit anderen zusammenzuarbeiten, um Ergebnisse zu erzielen
• Grundangst: kritisiert zu werden	• Grundangst: auf sich alleine gestellt zu sein
• Grundbedürfnis: Dinge richtig machen	• Grundbedürfnis: Sicherheit zu haben
• Motivation: Möglichkeit, andere fair zu behandeln; die Welt verbessern; Fehler ausmerzen; die eigene Ansicht rechtfertigen; alles nach einer einheitlichen Vorstellung beurteilen; sich von bedrohlichen Dingen fernhalten.	• Motivation: Möglichkeit, wahre Gefühle auszudrücken; ablehnen, was den Vorstellungen widerspricht; von anderen wichtig genommen werden; Forderungen gegenüber anderen rechtfertigen

Abb. 81 Das persolog®-Verhaltensprofil mit den DISG-Verhaltensdimensionen

Klassisches Führungsverhalten nach D, I, S und G

Arbeitszufriedenheit und Leistungsfähigkeit im Job haben sehr viel mit der Beziehung einer Führungskraft zu ihren Mitarbeitenden zu tun.

Dominantes Führungsverhalten

Führungskräfte mit dominantem Führungsverhalten reagieren schnell und entschlossen und sind auf Ergebnisse fokussiert. Große Herausforderungen motivieren sie ebenso wie Wettbewerbssituationen.

Praxistipp: Ihre Führungseffektivität steigern Sie, indem Sie Mitarbeitern mehr zuhören und sie frühzeitig in Entscheidungen einbinden.

Initiatives Führungsverhalten

Personen mit initiativem Führungsverhalten stehen gerne im Mittelpunkt und ermutigen zu einer offenen Kommunikation. Sie teilen ihre Erfolge mit anderen und verlassen sich auf die Unterstützung des Teams. Sie sind überzeugend und fördern die Fähigkeiten anderer.

Praxistipp: Ihre Führungseffektivität steigern Sie, indem Sie erkennen, dass „Zustimmungsgebrüll" nur vorübergehend und oft auch irreführend ist und Versprechen an Menschen eingelöst werden müssen.

Stetiges Führungsverhalten

Personen mit stetigem Führungsverhalten zeigen und erwarten Loyalität, sind pflichtbewusst und geduldig. Sie erzielen gerne mit anderen gemeinsam Ergebnisse, sind verlässlich und kooperativ. Sie sind empathisch, nehmen Rücksicht auf individuelle Umstände.

Praxistipp: Ihre Führungseffektivität steigern Sie, indem Sie Weiterentwicklungen trotz Widerständen vorantreiben, sich um Gewinnsteigerung kümmern und strenger kontrollieren.

Gewissenhaftes Führungsverhalten

Personen mit gewissenhaftem Führungsverhalten sind ruhig und klar und vermeiden Risiken und Schwierigkeiten. Sie wenden gerne Logik an und lieben es, die Dinge richtig zu machen.

Praxistipp: Ihre Führungseffektivität steigern Sie, indem Sie Ihre Zukunftspläne offen kommunizieren und den Bedarf für eine kontinuierliche Erweiterung des Tätigkeitsfeldes erkennen lernen.

Abb. 82 Klassisches Führungsverhalten nach D, I, S und G

Persönlichkeit und Führung

Unterschiedliche Persönlichkeitsausprägungen erfordern auch ein abgestimmtes und passgenaues Führungsverhalten. Lothar J. Seiwert und Friedbert Gay (2012) beschreiben die unterschiedlichen Dynamiken wie folgt:

So führen Sie dominante Mitarbeiterinnen und Mitarbeiter

Menschen mit dominantem Verhaltensstil neigen dazu, direkt, energisch und konkurrierend zu sein. Sie lieben schwierige Aufgaben, einzigartige Aufträge und „wichtige" Positionen. Neue Aufgaben ergebnisorientiert mit hohem Tempo zu erledigen, motiviert sie.

Führen Sie „D" zielorientiert, mit großen Handlungsspielräumen, neuen Herausforderungen und zielgerichteter Kontrolle im Arbeitsprozess.

So führen Sie initiative Mitarbeiterinnen und Mitarbeiter

Menschen mit initiativem Verhaltensstil sind kommunikativ, arbeiten gerne in ungezwungener Atmosphäre und im Team. Sie übernehmen häufig spontan neue Aufgaben und bringen Anerkennung oft ohne Worte zum Ausdruck.

Führen Sie „I" beziehungsorientiert und kommunikativ. Geben Sie direkte positive Rückmeldungen.

So führen Sie stetige Mitarbeiterinnen und Mitarbeiter

Menschen mit stetigem Verhaltensstil neigen dazu, zurückhaltend und gelassen zu sein. Sie bevorzugen erprobte und bewährte Methoden und arbeiten am liebsten in einem kleinen, harmonischen Team.

Führen Sie „S" mit klar definierten Verantwortungs- und Autoritätsbereichen. Achten Sie auf harmonische Beziehungsgestaltung sowohl zu Ihnen als auch im Team.

So führen Sie gewissenhafte Mitarbeiterinnen und Mitarbeiter

Menschen mit gewissenhaftem Verhaltensstil haben die Neigung, systematisch und präzise nach festgelegten Richtlinien vorzugehen. Arbeiten werden besonnen, in detailgenauer Sorgfalt und mit hoher Genauigkeit ausgeführt.

Führen Sie „G" mit logischen, systematischen Vorgehensweisen. Belohnen Sie Qualität und Leistung und geben Sie ausreichend Zeit für Spezialarbeiten.

Abb. 83 Persönlichkeit und Führung

Zeit- und Selbstmanagement am Arbeitsplatz

. . . .

„Persönlichkeiten, nicht Prinzipien, bringen die Zeit in Bewegung." (Oscar Wilde)

. . . .

In einem Punkt sind alle Menschen auf der Welt gleich reich – im Hinblick auf Zeit. Auf unserem „Zeitkonto" haben wir alle täglich das gleiche Guthaben, von dem wir abbuchen können.

Unser Umgang mit der Zeit hängt jedoch entscheidend von unserer Persönlichkeitsstruktur ab. Lothar J. Seiwert und Friedbert Gay (2012) beschreiben die gravierenden Unterschiede wie folgt:

Menschen mit **dominantem Verhaltensstil** würden am liebsten die Zeit anhalten. Sie möchten Ergebnisse erzielen und die Zeit effektiv nutzen. Oft haben sie zu viele Eisen im Feuer und sind ungeduldig mit sich und anderen. Sie analysieren schnell und erkennen rasch das Wesentliche in einer Situation.

Menschen mit **initiativem Verhaltensstil** tendieren dazu, im Augenblick zu denken und zu handeln. Sie achten nicht allzu sehr auf die Uhrzeit, weil diese sie einer Struktur unterwirft. Für sie sind Beziehungen wichtiger als Pünktlichkeit. Personen mit hoher Initiative begeistern sich für neue Projekte oder Ideen und versuchen zu viele Dinge auf einmal zu erledigen.

Menschen mit **stetigem Verhaltensstil** sehen die Zeit als Freund an, wenn sie nicht unter Druck sind. Zeit wird jedoch als Feind empfunden, wenn sie unter Termindruck arbeiten müssen. Sie organisieren sich gut, übernehmen die Verantwortung für die ihnen übertragene Aufgabe und erledigen diese mit hoher Verlässlichkeit.

Menschen mit **gewissenhaftem Verhaltensstil** werden immer mehr Zeit als andere brauchen, weil sie die Dinge, die sie tun, genau tun. Oft haben sie einfach nicht genügend Zeit, um alles zu erledigen, was sie sich vorgenommen haben. Sie bevorzugen eine logische Vorgangsweise und lieben Genauigkeit, Ordnung und Qualität.

Abb. 84 Zeit und Selbstmanagement am Arbeitsplatz

Freizeitverhalten von D, I, S und G

• •

„Ein Geheimnis des Erfolgs ist, den Standpunkt der anderen zu verstehen."
(Henry Ford)

• •

Unterschiedliche Verhaltensausprägungen zeigen auch differenzierte Präfe-
renzen bei der Freizeitgestaltung. Friedbert Gay und Hanno Herzler (2004)
beschreiben typisches Freizeitverhalten wie folgt:

Personen mit **„D"–Verhaltensdimensionen** brauchen ein Umfeld, in
dem sie eine starke Position einnehmen können. Mit einer kämpferischen
Natur ausgestattet, wollen sie sich auch in der Freizeit Position und Ansehen
regelrecht erkämpfen. Ohne ständige Herausforderungen fühlen sie sich, als
würden sie einrosten. Wettbewerbssituationen und innerliche wie äußerliche
Bewegung motivieren sie.

Personen mit **„I"–Verhaltensdimensionen** brauchen zur Erholung eine
Umgebung, in der ihre Fähigkeit, Kontakte zu knüpfen bzw. zu pflegen, zum
Tragen kommt und gebührend anerkannt wird. Längere Zeiten des Allein-
seins sind nicht nach ihrem Geschmack. Zur Entspannung benötigen sie ein
wohlwollendes und freundliches Beziehungsklima.

Personen mit **„S"–Verhaltensdimensionen** brauchen eine harmonische,
sichere Umgebung zur Erholung. Persönliche Rückzugsräume laden ihre Bat-
terien wieder auf. Sie bevorzugen stabile und beständige Beziehungen. Sie
pflegen daher in der Freizeit am liebsten enge Freundschaften, in denen gegenseitige Wertschätzung groß geschrieben wird.

Personen mit **„G"–Verhaltensdimensionen** bevorzugen eine Umgebung
der Ruhe, Ungestörtheit und Ästhetik. Sie haben gerne ein überschaubares
Umfeld und ordnen und sortieren gerne. Detailarbeit und das Tüfteln an
Kleinigkeiten motivieren sie ebenso wie Qualitätsarbeit. Zur Erholung ist der
Faktor „ausreichend Zeit" von entscheidender Bedeutung.

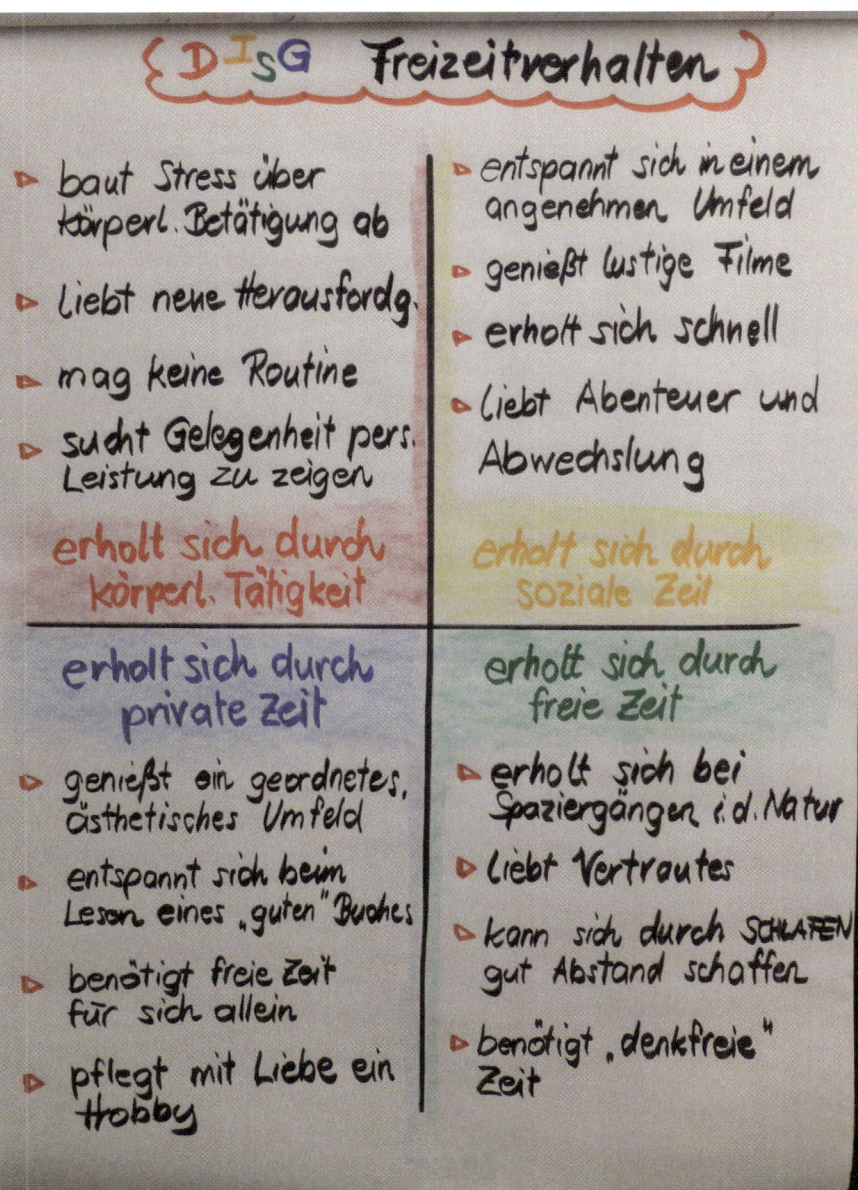

Abb. 85 Freizeitverhalten von D, I, S und G

SCARF-Modell

Dieses Modell ist die Weiterführung und Präzisierung des von David Rock aufgestellten Begriffs „Neuroleadership". Hierbei werden Erkenntnisse der Neurowissenschaften für Führung nutzbar gemacht. Ziel ist, Führungskräften das Verhalten ihres Teams verständlicher zu machen, um gezielt Einfluss zu nehmen und eine produktive Arbeitsatmosphäre zu schaffen. Das SCARF-Modell ist aber im Grunde genommen auf alle Arten sozialer Interaktion anzuwenden.

Das SCARF-Modell beruht auf der Auffassung, dass das Gehirn darauf ausgerichtet ist, Bedrohungen zu vermeiden und Belohnungen zu erhalten.

Status – Certainty – Autonomy – Reliability – Fairness: Die Verbindung dieser fünf Dimensionen verfolgt die Minimierung von Bedrohung und die Maximierung von Belohnung.

→ **Status** steht für soziale Anerkennung und das Wahrgenommenwerden als Individuum.
→ **Certainty** meint die Berechenbarkeit dessen, was mit einem geschieht. Auch Transparenz spielt hier eine Rolle.
→ **Autonomy** steht für die Handlungsfreiheit.
→ **Reliablity** ist Ausdruck für Beziehung und Zugehörigkeit, die Bestätigung, Teil von etwas Größerem sein zu können.
→ **Fairness** wird als Nachvollziehbarkeit und Gerechtigkeit wahrgenommen, bezogen auf geteilte Werte und bekannte Gesetzmäßigkeiten.

Quelle: Rock (2011)

Abb. 86 SCARF

Nichts motiviert mehr als der Erfolg! - Das Zweifaktoren-Modell

„Nun haben wir frisch ausgemalt, neue Büromöbel angeschafft und uns sogar Flachbildschirme geleistet. Aber motiviert ist trotzdem niemand." Welche Führungskraft kennt das nicht? Unter größten Anstrengungen werden sogar in schwierigen Zeiten die Arbeitsbedingungen verbessert, aber die Freude darüber hält nicht lange an. Mit Frederik Herzbergs Zweifaktoren-Modell können wir dieses Phänomen einleuchtend erklären:

Unzufriedenheitsvermeider

Gibt es betriebliche Zuschüsse zum Mittagstisch, ist deshalb kein Mitarbeiter motiviert. Werden die Zuschüsse jedoch gestrichen, führt das zu großer Unzufriedenheit. Zu den Faktoren, deren Vorhandensein die Zufriedenheit nicht steigen lässt, deren Fehlen aber negativ auffällt, gehören:

→ innerbetriebliche Organisation
→ Arbeitsbedingungen
→ Betriebsklima
→ Status und Sicherheit
→ regelmäßige Lohn- und Gehaltserhöhungen
→ Sozialleistungen

Motivatoren

Ein erheblicher Teil der Motivation kommt aus der Tätigkeit selbst:

→ Leistung und Erfolg
→ berufliches/inhaltliches Fortkommen
→ Anerkennung der Leistung
→ größere Verantwortung
→ herausfordernde Ziele
→ Sinn der Tätigkeit

Hier sind Führungskräfte in ihren ureigensten Aufgaben gefordert: Ziele vereinbaren, größere Verantwortung übertragen, Personal entwickeln, Leistung wahrnehmen und auch anerkennen.

Geld hat für Herzberg eine „Sowohl-als-auch"-Position, merkt Jörg Zeyringer in „Wie Geld wirkt" an; es sollte daher eigentlich ebenso in die Faktorengruppe der Motivatoren eingereiht werden.

Quelle: Simon (2006), Zeyringer (2014)

Abb. 87 Faktorenmodell nach Herzberg

Kleine Anleitung zum Herzinfarkt - Wann psychische Belastungen krank machen

Berufe mit hoher psychischer Belastung nehmen zu. Welche Auswirkung haben solche Belastungen auf die Gesundheit? Wie lässt sich gegensteuern?

Die beiden Forscher Robert Karasek und Töres Theorell haben in ihrer Studie „Healthy Work" (1990) eine Tabelle entwickelt, in die sie die psychischen Anforderungen verschiedener Berufsgruppen eintragen. Wer mit gut kalkulierbaren und sachlichen Aufgaben zu tun hat, erlebt geringere psychische Belastungen, wer im personenbezogenen Feld mit all den zwischenmenschlichen Reibereien arbeitet, mehr. Die beiden Forscher haben noch einen zweiten Aspekt in die Tabelle eingetragen: Wieviel Entscheidungsspielraum und eigene Handlungskontrolle haben die Beschäftigten, um die Anforderungen zu meistern?

Aus dieser Zusammenschau entwickelten sie ihr **Anforderungs-Kontroll-Modell** mit einprägsamen Erkenntnissen:

Hohe psychische Belastung und fehlender Entwicklungsspielraum machen krank. Diese Kombination erhöht nachweislich das Risiko von Herz-Kreislauf-Erkrankungen und weiterer Gesundheitsgefährdungen. Hohe psychische Belastung ist hingegen kein Gesundheitsrisiko, wenn sie mit einem hohen Grad an Selbststeuerung und Entscheidungsspielräumen gekoppelt ist.

Wo sehen Sie sich? Wo sehen Sie andere? Wie psychische Arbeitsbelastung auf die Gesundheit wirkt, wenn der Grad an Eigenständigkeit berücksichtigt wird, erkennen Sie in der Grafik rechts.

Quellen: Ilmarinen, Tempel (2002); Wendt (2012)

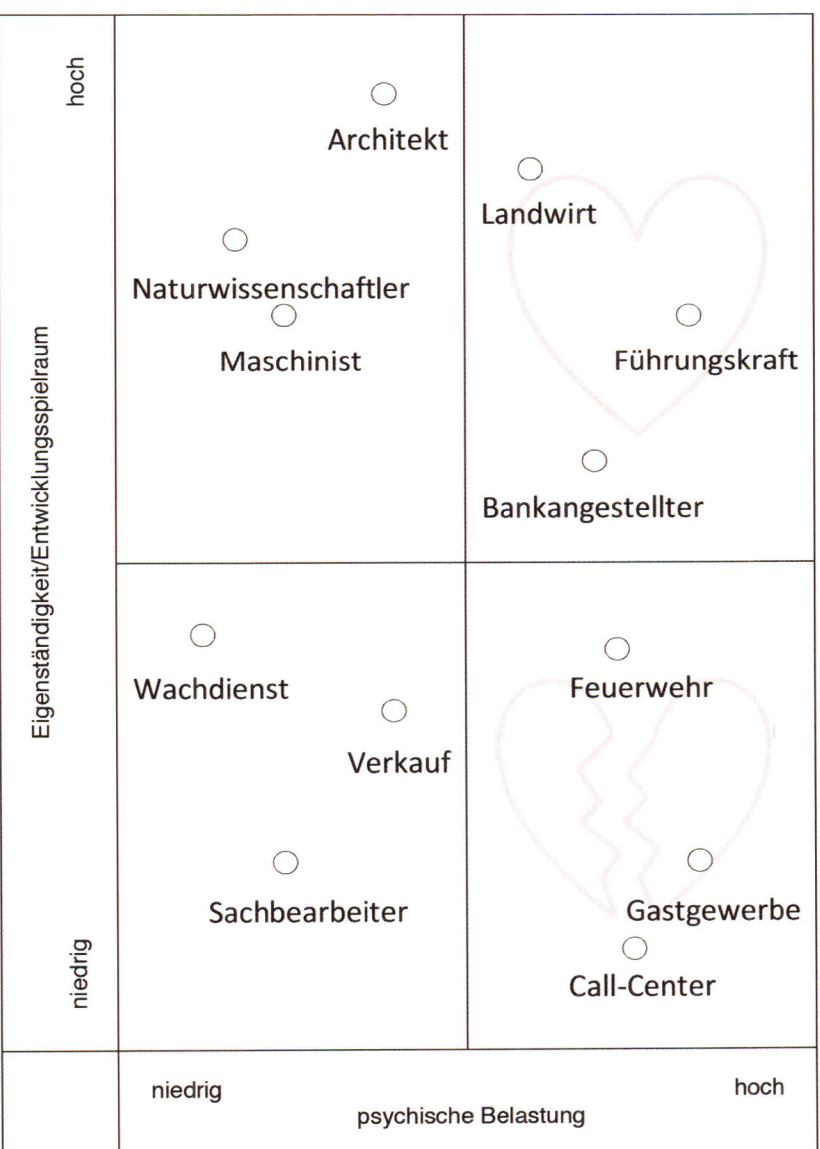

Abb. 88 Anforderungs-Kontroll-Modell

Tandem-Coaching

Das Tandem-Coaching ist eine kooperative Form des Lernens an konkreten Führungsfragen und eine interaktive Kurzberatung. Es zielt auf die Verbesserung des individuellen Führungshandelns ab und wird hauptsächlich für Führungskräfte angeboten. Als Coach spielen Sie dabei nur eine Begleitrolle. Sie initiieren das Gespräch und geben detaillierte und zielorientierte Rückmeldungen und Inputs aus dem Bereich des Führungswissens, um die Kompetenz der Coachees zu fördern. Hauptsächlich geht es jedoch um den Erkenntnisaustausch der beiden Führungskräfte.

Das Ziel des Coachings ist das Erlangen von Handlungssicherheit über Selbstreflexion und Selbstwahrnehmung bzw. die Schärfung des Führungsverständnisses. Ziel ist auch die Verankerung einer Kooperation auf horizontaler Ebene.

Tandem-Coaching mit Vorgesetztem

→ Erstgespräch mit dem Vorgesetzten und Coachee: Hier wird geklärt, was die Erwartungen an das Coaching sind.
→ Individualcoaching entlang der Themen, die vereinbart wurden bzw. die aktuell eingebracht werden
→ Zwischengespräch mit dem Vorgesetzten: Es werden Themen besprochen, die nicht das Verhalten, sondern die Verhältnisse (Zuständigkeit, Abläufe, Führung) adressieren.
→ Fortsetzung Individualcoaching
→ Abschlussgespräch: Das Abschlussgespräch ist eine Reflexion des Coaching-Erfolgs und des Coaching-Prozesses sowie eine Überprüfung, ob das Ziel erreicht wurde.

Tandem-Coaching mit zwei Führungskräften

Zwei Führungskräfte kommen gemeinsam zum Coaching. Sie sind auch zwischen den Sessions im Austausch und lernen im Coaching vor allem, kollegiale Beratung in Anspruch zu nehmen und zu geben. Die kollegiale Beratung ist eine methodische Anleitung, um dem Coaching-Gespräch Struktur zu geben.
Quelle: Brüning (1994)

Abb. 89 Tandem-Coaching

Archetypisches Lebenspanorama

Das Lebenspanorama ist eine Zusammenschau aus unterschiedlichen Weisheitstraditionen. Handlungsleitende Grunddynamiken jeweiliger Lebensphasen werden, in Anlehnung an C. G. Jung, als „Archetypen" dargestellt. Diese erheben weder den Anspruch auf Vollständigkeit noch auf Allgemeingültigkeit. Vielmehr werden Muster beschrieben, die in vielen Kulturen und Traditionen in unterschiedlicher Weise ihren Ausdruck fanden und finden. Die Übersicht, die hier als lineare Dynamik beschrieben wird, ist jedoch mehr ein zirkulärer Prozess, der, falls dieser positiv bewältigt wird, zur Reife führt.

In der Arbeit mit Archetypen wird zwischen männlicher und weiblicher Reise unterschieden. Damit ist mehr das männliche und weibliche Prinzip als die Festlegung auf geschlechtertypische Rollen gemeint. Vor allem die „weibliche Reise" erfährt gegenwärtig einen historischen Wandel.

Ein tiefes Verständnis von diesen Grunddynamiken kann Führungskräften helfen, ihre Mitarbeiter nicht nur fachlich, sondern auch persönlich situativ passgenau zu führen.

Die „männliche Reise"

Die erste Phase kann als „Aufstieg" beschrieben werden, der durch eine heldenhafte Energie gekennzeichnet ist. Der „junge Held" versucht die Welt zu erobern, möchte etwas bewegen und erreichen. Der Erfolg oder Misserfolg dieses Versuchs hat wesentlichen Einfluss auf die Bildung seiner Identität. Erlaubnis und Bestätigung unterstützen den jungen Mann in seinem Bestreben, vor allem auch in der Arbeitswelt Heldenhaftes und Einzigartiges zu leisten.

Gelingt diese für den Mann erste und wichtige Wegstrecke, mündet sie in eine gesicherte Identität und in ein Gefühl, „angekommen" zu sein. Er hat es aus eigener Kraft mit eigenen Ressourcen geschafft. Die Gefahr dieser Phase besteht in einer zu großen Unabhängigkeit, die ihn die Verbundenheit mit anderen und die eigene Bedürftigkeit vergessen lässt.

Die ruhige Gelassenheit, das Gefühl, angekommen zu sein, wird in der „Krise der Begrenztheit" in Frage bzw. auf die Probe gestellt. Die Karriereleiter ist erklommen, körperliche Limits werden spürbar, Enttäuschungen müssen integriert werden und das zuvor so sicher scheinende Schiff gerät in

Turbulenzen. Auch die eigene Stärke wird in Frage gestellt. Verständnisvolles und unterstützendes Führungsverhalten helfen dem Mann in der unruhigen Lebensmitte, wieder Trittfestigkeit zu gewinnen. Die Frage drängt sich auf: Wo geht der Weg weiter? Diese offensichtliche Weggabelung führt in unterschiedliche Richtungen.

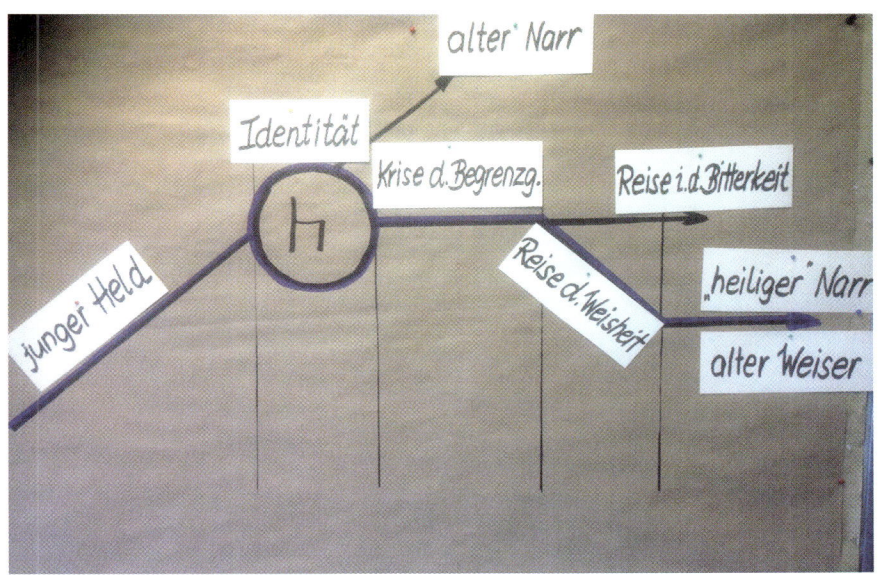

Abb. 90 Archetypisches Lebenspanorama 1

Eine Möglichkeit ist die „Reise in die Bitterkeit". Enttäuschungen, Limitationen und zerplatzte Hoffnungen werden nicht integriert und die Energie bricht sich in Bitterkeit und Negativität Bahn. Die Schuld wird bei sich selbst, bei anderen oder beim Leben selbst gesucht.

Vielleicht wird aber auch der Weg in die Richtung des „alten Narren" gewählt. Dieser begibt sich erneut auf die Heldenreise und versucht krampfhaft festzuhalten, was ihm zu entgleiten droht. Die erneut mobilisierte Heldenenergie lenkt ihn ab vom drohenden Verlust.

Im besten Fall lässt sich der Mann auf den Abstieg und die „Reise des Loslassens, die Reise der Weisheit" ein. Er setzt sich mit dem eigenen Schmerz auseinander und beginnt, das Wunderbare an dieser Wegstrecke zu entdecken. Das ist die Möglichkeit, das Leben zu genießen, ohne sich weiter beweisen zu müssen, ohne an etwas festzuhalten. Im Loslassen fühlt er sich gehalten, da er sich dem Leben anvertraut.

Dies mündet in die Wegstrecke des „Heiligen Narren", des „alten Weisen", der versöhnt ist mit sich, anderen und dem Leben. Alle erfahrenen und erlebten Widersprüche des Lebens werden nun integriert. Der Mann hat eine einfache, kindliche Freude wiedergewonnen, die gepaart ist mit Weisheit und Verständnis für andere. Das Sein ist wichtiger als jeder noch so zauberhafte Schein.

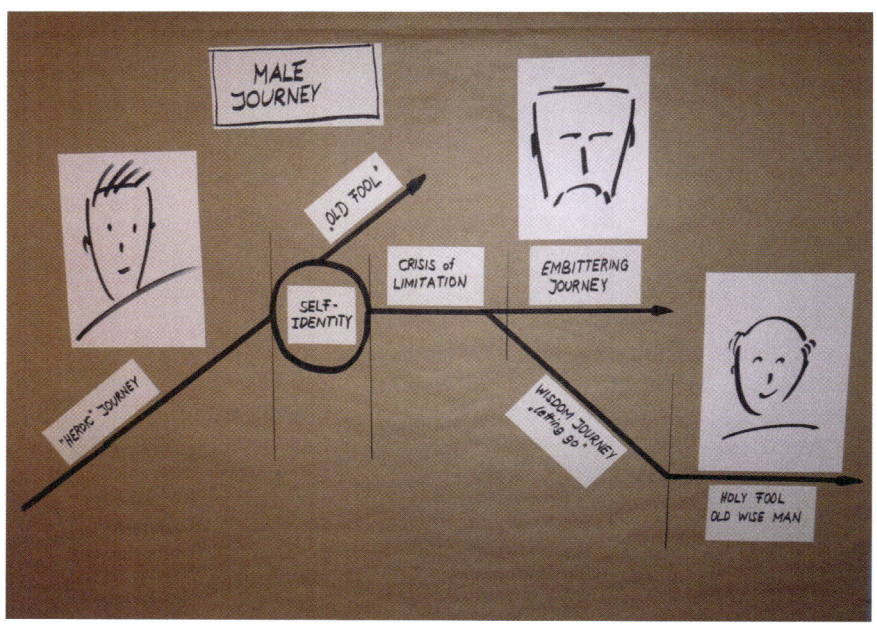

Abb. 91 Die „männliche Reise"

Die „Reise der Frau"

Die Reise der Frau als symbolhafte, jahrtausendealte Darstellung, hat sich in unserem Kulturkreis in den letzten Jahren grundlegend geändert. Die „alte" Darstellung, die hier beschrieben wird, dient gleichsam als Ausgangspunkt für neue Bilder, die es zu „malen" gilt, die sich jedoch erst neu zu entwickeln beginnen.

Der Beginn der weiblichen Reise ist durch einen „Abstieg" gekennzeichnet. Besonders diese Phase war in früheren Jahren wesentlich ausgeprägter durch das stark polarisierte Rollenverständnis, trotzdem ist diese Dynamik noch sichtbar. Die junge Frau erlebt unter Umständen soziale Begrenztheit, ist körperlich schwächer und spätestens beim Einsetzen der ersten Menstruation erlebt sie natürliche Dynamiken, über die sie keine Kontrolle hat und die sie trotzdem in die Verantwortung rufen. Dies fordert hohe Anpassungsfähigkeit und führt zu einer Auseinandersetzung mit der Erfahrung von Begrenztheit.

„Durchlässige Identität" beschreibt die weibliche Fähigkeit, sich in großer Offenheit anzupassen und ihre Fähigkeit, anderen zu erlauben, sie zu beeinflussen. Dies führt sowohl zu Beziehungsfähigkeit als auch zu Verletzlichkeit.

Die nächste Phase, „Arbeit von Körper und Seele", beschreibt ein „Verwickeltsein" in das Leben. Arbeit, Kinder, Karriere sind ihre Lehrmeister und die Basis ihrer Erfahrungen. Die Herausforderung besteht darin, sich nicht in der Menge der Aufgaben und Ansprüche zu verlieren und das Leben in Dankbarkeit zu genießen.

Das Ende dieser Phase wird eingeleitet von einer „Krise in der Lebensmitte", eine Zeit der Chance und Gefahr. Diese Zeit lädt ein, über den bisherigen Weg zu reflektieren, sich über das zu freuen, was möglich, und das zu betrauern, was nicht möglich war. Es kommt durch die Rückschau zu einer neuen Bewertung, manche Dinge verlieren und manche gewinnen an Bedeutung. Ein neuer Weg kann eingeschlagen werden. Die Fragen: „Was möchte ich in der mir verbleibenden Zeit erreichen, wie möchte ich mein Leben gestalten?" sind prägend.

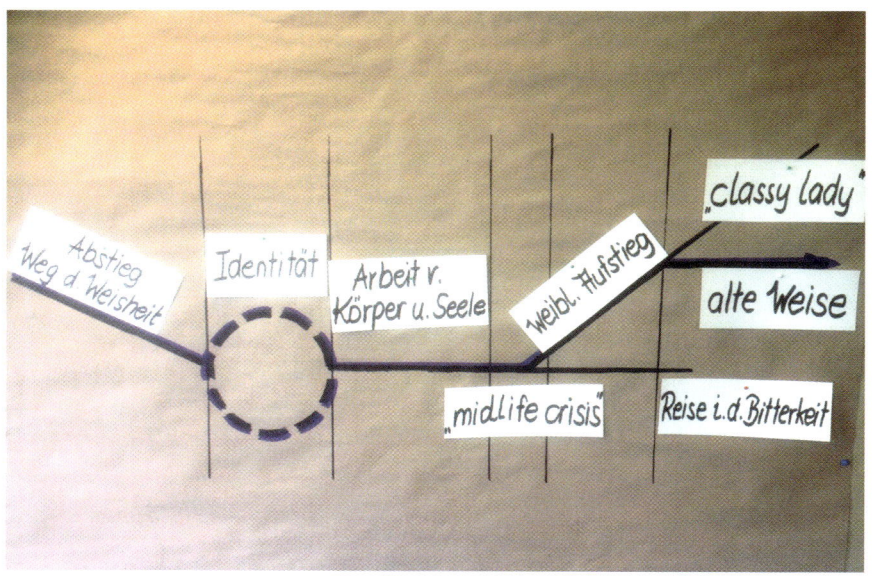

Abb. 92 Archetypisches Lebenspanorama 2

Aus dieser Krise ergibt sich eine Weggabelung, die entweder in die „Reise der Bitterkeit" oder zu einem neuen und kraftvollen „Aufstieg" führt. Die Reise in die Bitterkeit ist gekennzeichnet durch ein Verhaftetbleiben in den misslungenen, verlorenen und schmerzhaften Dingen und verhindert einen gesunden Weg nach oben. Die Energie bleibt in Negativität, Enttäuschung und Schmerz gefangen.

Der Aufstieg und die entsprechende Energie dazu beschreiben eine Frau, die aus ihren Erfahrungen gelernt hat. Der Schmerz wurde integriert und es kommt zu einem neuen Aufbruch. Sie hat dem Leben die Erlaubnis gegeben, sie weise, stark und weich zu machen.

Der Aufstieg führt zu einer erneuten Schnittstelle. Gelingt es der Frau, ihr Wissen und ihre Erfahrungen mit einer liebevollen Haltung zu paaren, oder verwendet sie die neu gewonnene Kraft, um immer weiter aufzusteigen? Dies würde heißen, dass sie auf andere herabschaut, alles besser weiß und entschieden hat, ab jetzt die machtvolle Kontrolle zu übernehmen und zunehmend zur „Hexe am Besen" zu werden.

Wählt die Frau aber den Weg der Weisheit, Integration und Liebe, wird sie zur „Classy Lady". Eine Person, in deren Gegenwart man aufatmet, weil sie „weiß". Auf ihrem Weg war sie dort, im Schmerz, in der Freude, der Verletzlichkeit, dem Erfolg, dem Nicht-Verstehen und den Paradoxien des Lebens, und sie hat in all dem ein JA zu sich, zu anderen und zum Leben gefunden.

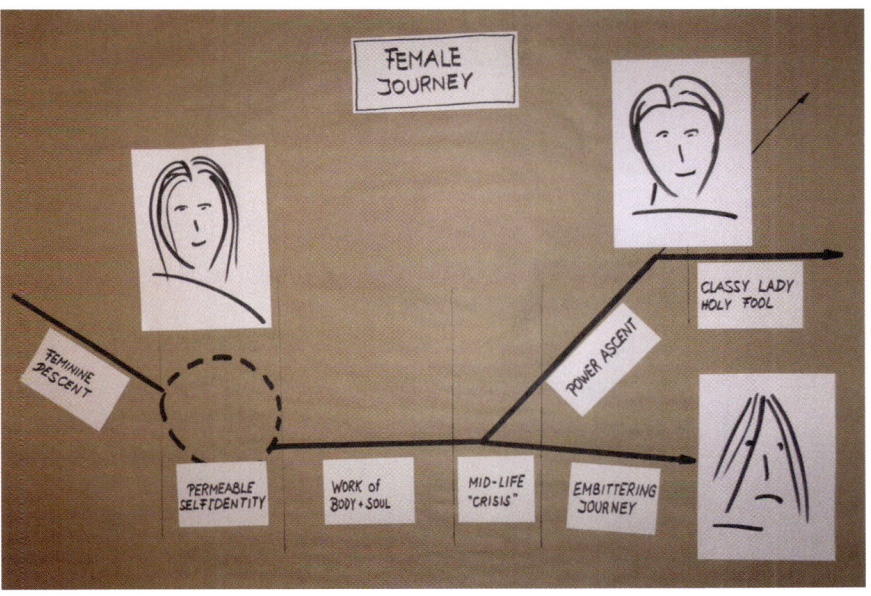

Abb. 93 Die „weibliche Reise"

Ein neues Team übernehmen

Die Übernahme einer Führungsfunktion ist oft für beide Seiten aufregend: für die neue Führungskraft und für das Team. Um miteinander schnell arbeitsfähig zu werden und Unsicherheit zu vermeiden, bewährt sich eine Kombination aus dem „New Managers Assimilation Programme" (John Gabarro) und einer analogen Methode wie dem Zürcher Ressourcen Modell (ZRM®). Das Besondere daran ist, dass verschiedene Zieltypen kombiniert werden. Individuelle und gemeinsame Ziele steigern das Commitment und das gegenseitige Verständnis.

Zunächst ist die neue Führungskraft noch nicht anwesend und das Team arbeitet mit dem Moderator an sechs Fragen:

➔ Was wisst Ihr bereits über die neue Führungskraft?
➔ Was wisst Ihr noch nicht, möchtet es aber gerne erfahren?
➔ Was benötigt Ihr von der neuen Führungskraft?
➔ Was muss die Führungskraft über Euch als Team wissen?
➔ Welche sind die größten Herausforderungen, die das Team im Laufe des nächsten Jahres zu bewältigen hat?
➔ Über welche Ressourcen (Möglichkeiten, Ideen etc.) verfügt Ihr bereits, um diese Herausforderung anzugehen?

Danach spricht die Führungskraft mit dem Moderator die Fragen durch. In der Zeit hat das Team Pause. Danach werden die Fragen besprochen und ein Handlungsplan (für ein halbes bis ein ganzes Jahr) erarbeitet.

Nun folgt der emotionale Teil mit Elementen aus dem ZRM®. Jede Person wählt ein Bild zur Frage „Was brauche ich in diesem Team, um gut arbeiten zu können?". Ein Ideenkorb (siehe Kapitel 3 „Methoden aus dem Zürcher Ressourcenpool – Der Ideenkorb") liefert Assoziationen.

Aus diesen werden Haltungsziele (siehe Kapitel 3 „Handlungswirksam formulierte Ziele") entwickelt. Die individuellen Ziele werden einander mitgeteilt. Das erhöht das gegenseitige Verständnis. Danach wird das Team-Motto entwickelt. Die Teilnehmenden schreiben je drei Lieblingswörter aus ihrem Haltungsziel auf Moderationskarten. In einem Punkt-Auswahlprozess werden jene Worte identifiziert, mit denen in einer darauffolgenden Teamphase ein Team-Motto entsteht. Eine Vorstellung und die Fusion der Team-Mottos folgen.

Quellen: Gabarro (1985); Diedrichs, Krüsi, Storch (2012)

Abb. 94 Team-Motto

Emotionen kontrollieren – Wer Menschen führen will, muss seine Gefühle im Griff haben

Führungskräfte sollten auch unter Druck gelassen bleiben und konkrete Entscheidungen treffen können. Authentizität und Wertschätzung sind dabei aber nicht zu vergessen. Selbstkontrolle und emotionale Stabilität werden bei Weiterbildungsbedarf und Defiziten am häufigsten genannt.

Impulskontrolle kann jedoch trainiert werden, um Emotionsausbrüchen standzuhalten und souverän ein Team zu leiten.

Vier Übungen, um mit Gefühlen souverän umzugehen

→ Pendelübung
  – Schritt 1: Denken Sie an ein anspruchsvolles Ziel und stellen Sie sich vor, dieses bereits erreicht zu haben (Beispiel: „Ich bin schlank und beweglich!")
  – Schritt 2: Nun folgt ein Realitätscheck. Der positive Affekt wird wieder beiseitegelegt und Ressourcen und Schwierigkeiten bei der Zielerreichung gegenübergestellt.
  – Schritt 3: Stellen Sie sich wieder vor, das Ziel erreicht zu haben. Durch die Pendelbewegung vom Positiven zum Negativen zum Positiven werden Motivation und andere wünschenswerte Emotionen angeregt.

→ Gangwechsel
  – Schritt 1: Beginnen Sie mit einer möglichst distanzierten Selbstbeobachtung: Was fühle ich? Wie verhalte ich mich in welchen Situationen?
  – Schritt 2: Versuchen Sie nun einen anderen Blickwinkel einzunehmen: Wie würde ein weiser Mensch darüber denken? Wie würde ich die Situation nach längerer Zeit betrachten?
  – Schritt 3: Führen Sie aus dieser Perspektive Selbstgespräche. Der emotionale Tunnelblick soll verlassen und in Dialog mit den inneren Werten getreten werden.

→ Achtsamkeitsübungen: Konzentrieren Sie sich auf Ihre momentane Aufgabe oder Tätigkeit. Lauschen Sie nach innen: Wie ist meine Körperspannung? Wie atme ich? Wenn Sie diese Übung öfter ausführen, können Sie lernen, Ihre Gefühle zu beobachten. Die Übungen stärken die zweite Regulationsebene, die die affektiven Erstreaktionen kontrolliert. Sie hat zur Aufgabe, emotionale Prozesse bewusst zu machen, um gleichzeitig mit ihnen auf Distanz gehen zu können.

→ Impulssteuerung: Die Übung sollten Sie zu einem Zeitpunkt ausführen, in dem Sie nicht gestresst oder überlastet sind. Als Übungsgegenstand taugt alles, was Sie sonst automatisch durchführen; greifen Sie als Rechtshänder mit der Linken zu, essen Sie Schwarzbrot, wenn Sie weißes wollen. Ziel ist es, Automatismen zu unterbrechen und normale Prozesse bewusst wahrzunehmen. Die Impulskontrolle kann wie ein Muskel trainiert werden.

Quelle: Reimann (2014)

Abb. 95 Emotionen kontrollieren

Kick-off - Leinen los und Start in die Umsetzung!

Ihr Kopf ist nun voll mit Begriffen wie Resilienz, Selbstwirksamkeit, Stressabbau, Motivation, Zufriedenheit und Wertebezug. Die Einschätzbögen haben Hinweise geliefert, welche Bereiche Sie verbessern oder entwickeln sollten. Von den zahlreichen Übungen und Vorschlägen haben Ihnen vielleicht manche zugesagt: „Das möchte ich ausprobieren oder umsetzen!" Nun geht es darum, es zu tun – sozusagen den Rubikon zu überschreiten. Als Kick-off dafür zeigen wir eine Übung, die wir auch im Seminar gerne einbauen:

„Den Körper drehen"

Die Übung hat jeweils drei Phasen, zuerst nach rechts, danach nach links.

1. Start: Stehend, beide Füße schulterbreit am Boden. Arme waagrecht ausgestreckt. Nun den Oberkörper mit den Armen nach rechts verdrehen, soweit es geht. Füße dabei nicht von der Stelle bewegen. Die Augen blicken dem rechten Arm nach und man merkt sich den Punkt im Raum, auf den die Finger nun zeigen.

2. Wieder stehend, aber mit geschlossenen Augen. Phase 1 wird ohne Bewegung ausgeführt, also rein mental. In Gedanken „bewegt" sich der Oberkörper nach rechts. Dabei stellt man sich vor, die Drehung ginge deutlich weiter als vorhin. Die gedachten Finger zeigen deutlich über den gemerkten Punkt hinaus.

3. Wieder wie Phase 1, real und mit offenen Augen. Lassen Sie sich überraschen!

Danach die drei Phasen mit Drehung nach links ausführen.

Weitere überraschende Ergebnisse und viel Erfolg mit dem Buch wünschen Ihnen herzlich

Walter Buchacher, Judith Kölblinger, Helmut Roth und Josef Wimmer

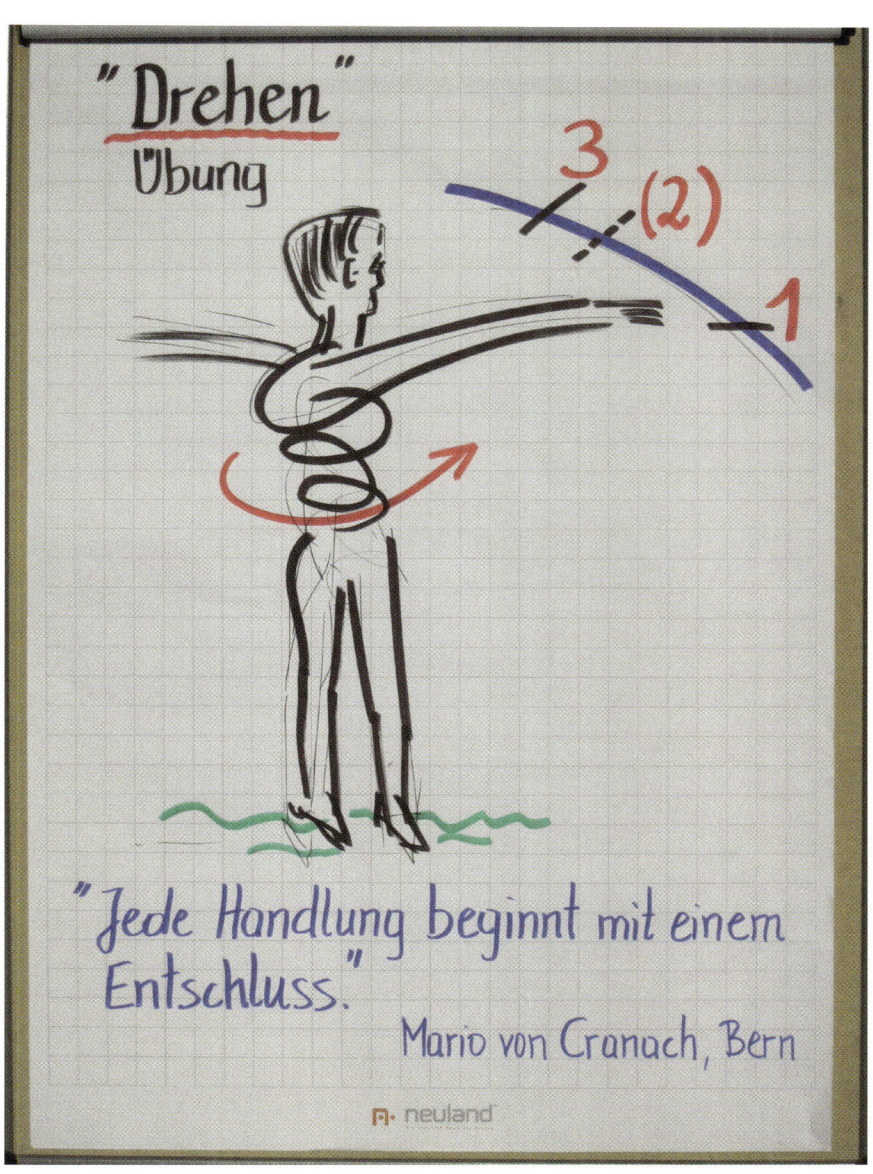

Abb. 96 FC Kick-off: Verdrehen

Literaturverzeichnis

Antonovsky Aaron (1997): Salutogenese. Zur Entmystifizierung der Gesundheit. dgvt, Tübingen.

Bandura Albert (1977): Lernen am Modell. Ansätze zu einer sozial-kognitiven Lerntheorie. Klett, Stuttgart.

Bandura, Albert (1999): Self-efficacy. The Exercise of Control. Freeman, New York.

Bauer, Joachim (2004): Die Freiburger Schulstudie. In: Schulverwaltung. Ausgabe Nr. 13. Baden-Württemberg.

Bauer, Joachim (2006): Prinzip Menschlichkeit. Warum wir von Natur aus kooperieren. Hofmann und Campe, Hamburg.

Bauer, Joachim (2013): Arbeit. Warum unser Glück von ihr abhängt und wie sie uns krank macht. Blessing, München.

Brüning, M. (1994): Coaching – Möglichkeiten und Grenzen eines individualistischen Personalentwicklungsinstruments. Unveröffentl. Dipl., Universität Trier, Fachbereich Psychologie.

Diedrichs, Annette/Krüsi Dominique/Storch, Maja (2012): Durchstarten mit dem neuen Team. Aufbau einer ressourenorientierten Zusammenarbeit mit Verstand und Unbewusstem. Verlag Hans Huber, Bern.

Donders Ch. Paul (2009): Kreative Lebensplanung. Entdecke deine Berufung. Entwickle dein Potential – beruflich und privat. Gerth Medien, Asslar.

Donders Ch. Paul, Hüger Johannes (2011): Wertvoll und wirksam führen. In Balance von Menschen und Ergebnis. Vier Türme, Münsterschwarzach.

Drath, Karsten (2014): Resilienz in der Unternehmensführung. Was Manager und ihre Teams stark macht. Haufe Gruppe, Freiburg und München.

Frädrich, Stefan (2014): Günter, der innere Schweinehund. Ein tierisches Motivationsbuch. Gabal, Offenbach.

Fredrickson Barbara (2012): Die Macht der guten Gefühle. Wie eine positive Haltung ihr Leben dauerhaft verändert. Campus, Frankfurt.

Freudenberger, Herbert/ North Gail (1992): Burn-out bei Frauen. Über das Gefühl des Ausgebranntseins. 12. Auflage 2008. Fischer Taschenbuch, Frankfurt.

Frey, Bruno/Frey Marti, Claudia(2010): Glück. Die Sicht der Ökonomie. Ruegger Verlag, Zürich.

Fried, Jason/Heinemeier Hansson, David (2010): REWORK. Crown Business, New York.

Fröhlich-Gildhoff Klaus, Rönnau-Böse Maike (2007): Resilienz. Ernst Reinhard, München.

Gabarro, John J. (1985): When A New Manager Takes Charge. Harvard Business Review, May-June, Boston, Massachusetts.

Gardenswartz, L/Rowe, A (2002): Diverse Teams at Work. Capizalizing the Power of Diversity. Society of Human Resource Management. Alexandria/Virginia (USA).

Gardner, Howard (2001): Good Worker. When excellence and ethics meet. 1. Ausgabe. Basic Books, New York.

Gardner, Howard (2011): Frames of Mind. The Theory of Multiple Intelligences. Überarbeitete Ausgabe 2011. Basic Books, New York.

Gay Friedbert/Herzler Hanno (2004): Ich brauch dich und du brauchst mich. Brockhaus, Wuppertal.

Geier John, Dorothy Downey (2013): persolog® Persönlichkeitsmodell. Trainerleitfaden Teil 1. persolog, Remchingen.

Gelb, Michael J. (2004).: Das Leonardo-Prinzip. Ullstein, Berlin.

Gottman, John (2012): Die Vermessung der Liebe. Vertrauen und Betrug in Paarbeziehungen. 1. Auflage. Klett-Cotta, Stuttgart.

Graf-Götz, Friedrich (2001): Organisationen gestalten. Beltz, Weinheim und Basel.

Greiner, Larry (2000): Power and Organization Development. Addison Wesley Pub. Co. Inc.

Gruhl Monika (2009): Die Strategie der Stehauf-Menschen. Resilienz – nutzen Sie Ihre inneren Kräfte. Herder, Freiburg im Breisgau.

Hanisch, Ronald (2013): Veränderung: Erfolg(t). Wie Sie von neuen Blickwinkeln profitieren. Linde Corporate, Wien.

Herold, Cindy und Martin (2011): Selbstorganisiertes Lernen in der Schule und Beruf. Beltz, Weinheim und Basel.

Herzberg, Frederick in: Gabler Wirtschaftslexikon online (2014), Springer Gabler Verlag, Frankfurt.

Höfler Manfred (2013): Abenteuer Change-Mangement. Handfeste Tipps aus der Praxis für alle, die etwas bewegen wollen. Frankfurter Allgemeine Buch, Frankfurt.

Hüther Gerald (2010): Bedienungsanleitung für ein menschliches Gehirn. Vandenhoeck & Ruprecht, Göttingen.

Ilmarinen, Juhani/Tempel, Jürgen (2002): Arbeitsfähigkeit 2010. Was können wir tun, damit Sie gesund bleiben? VSA Verlag, Hamburg.

Ilmarinen, Juhani/Tempel, Jürgen (2013): Arbeitsleben 2025. Das Haus der Arbeitsfähigkeit im Unternehmen bauen. VSA Verlag, Hamburg.

Jahoda Marie/Lazarsfeld Paul (1960): Die Arbeitslosen von Mariental. edition suhrkamp, Allensbach und Bonn.

Juen, Barbara/Siller, Heidi/Sandra, Nindl (2013): Resilienzförderung in Notfallsituationen. In: Psychologie in Österreich. Resilienzforschung. Eigenverlag, Wien.

Krause, Frank/Storch, Maja (2010): Ressourcen aktivieren mit dem Unbewussten. Die ZRM-Bildkartei in Theorie und Praxis. Verlag Hans Huber, Bern.

Kübler-Ross, Elisabeth (2012): Erfülltes Leben – würdiges Sterben. Goldmann, München.

Lundin, Stephen C./Paul, Harry/Christensen, John (2001): Fish! Ein ungewöhnliches Motivationsbuch. Ueberreuter, Wien.

Maslach, Christine/Leiter, Michael (2001): Die Wahrheit über Burnout. Stress am Arbeitsplatz und was Sie dagegen tun können. Springer, Frankfurt.

Michael Marmott zit. in: Langbein Kurt (2014): Weißbuch Gesundheit. Wenn die moderne Medizin nichts mehr tun kann. Ecowin, Salzburg.

Mourlane, Denis (2013): Resilienz. Die unentdeckte Fähigkeit der wirklich Erfolgreichen. Business Village, Göttingen.

Olfert, Klaus (2011): Lexikon der Personalwirtschaft. Kiehl, Herne.

Peseschkian, Nossrat (1993): Psychosomatik und Positive Psychotherapie. Fischer, Frankfurt.

Petrie, Nick (2014): Wake up! The surprising Truth about what drives Stress and how Leaders Build Resistence. White paper. Center of Creative Leadership. http;//www.cct.org/leadership/pdf/research/wakeup.

Peupion, Cyril (2010): Work Smarter: Live Better. Practical Ways to Change Your Work Habits And Transform Your Life. Peupirn Pty Ltd, Melbourne.

Pink, Daniel H. (2010): Drive – Was Sie wirklich motiviert. Ecowin, Salzburg.

Popp, Reinhold (Hg.) (2011): Zukunftsstrategien für eine alternsgerechte Arbeitswelt. Trends, Szenarien und Empfehlungen. LIT, Wien und Berlin.

Reimann, Sascha: managerSeminare, Heft 200, Seiten 39–41, November 2014.

Rock, David (2011): Brain at Work. Intelligenter arbeiten, mehr erreichen, Campus, Frankfurt a.M. und New York.

Rohr, Richard (2005): Endlich Mann werden. Die Wiederentdeckung der Initiation. Claudius, München.

Rohr, Richard (2013): Vom wilden Mann zum weisen Mann. Claudius, München.

Schaarschmidt, Uwe/Fischer Andreas (2001): Bewältigungsmuster im Beruf. Persönlichkeitsunterschiede in der Auseinandersetzung mit der Arbeitsbelastung. Vandenhoeck & Ruprecht.

Sedmak, Clemens (2006): Geglücktes Leben. Was ich meinen Kindern ans Herz legen möchte. Styria, Wien.

Seiwert, Lothar J. (1999): Wenn Du es eilig hast, gehe langsam. Campus, Frankfurt und New York.

Seiwert, Lothar/Gay, Friedbert (2012): Das 1 x 1 der Persönlichkeit. persolog, Remchingen.

Seligman, Martin (2012): Flourish – Wie Menschen aufblühen: Die Positive Psychologie des gelingenden Lebens. Kösel, München.

Seligmann, Martin (2010): Der Glücksfaktor. Warum Optimisten länger leben. Bastei Lübbe Taschenbuch, Köln.

Sennett, Richard (2008): Handwerk. Berlin-Verlag, Berlin.

Siebert, Al (2005): The Resiliency Advantage. Master Change, Thrive Under Pressure, and Bounce Back From Setbacks. Berrett-Koehler, Oakland/California.

Siegl, Daniel (2007): Das achtsame Gehirn. Abor, Freiburg.

Simon, Walter (2006): GABALs großer Methodenkoffer. Führung und Zusammenarbeit. Gabal, Offenbach.

Sonneck, Gernot/Aichinger, Eva Maria (1997): Krisenintervention und Suizidverhütung. UTB facultas, Wien.

Starecek, Markus (2013): Organisationale Resilienz für strategielose Zeiten. In: Psychologie in Österreich. Resilienzforschung. Eigenverlag, Wien.

Stollreiter, Marc/Voelgyfy, Johannes/Jencius, Thomas (2000): Stress-Management. Das WAAGE-Programm für mehr Erfolg bei weniger Stress. Beltz Verlag, Weinheim.

Storch, Maja/Krause, Frank (2007): Selbstmanagement – ressourcenorientiert. Grundlagen und Trainingsmanual für die Arbeit mit dem Zürcher Ressourcen Modell (ZRM®). 4. Auflage. Hans Huber, Bern.

Storch, Maja/Krause, Frank (2014): Selbstmanagement – ressourcenorientiert. Grundlagen und Trainingsmanual für die Arbeit mit dem Zürcher Ressourcen Modell (ZRM®). 5. Auflage. Hans Huber, Bern.

Storch, Maja/Kuhl, Julius (2013): Die Kraft aus dem Selbst. Sieben Psychogyms für das Unbewusste. 2. Auflage. Hans Huber, Bern.

Stuber, Michael (2002): Diversity als Strategie. Personalwirtschaft 1/2002.

Tempel, Jürgen/Ilmarinen, Juhani (2013): Arbeitsleben 2025. Das Haus der Arbeitsfähigkeit im Unternehmen bauen. VSA Verlag, Hamburg.

Wellensiek, Silvia (2011): Handbuch Resilienz-Training. Widerstandskraft und Flexibilität für Unternehmen und Mitarbeiter. Beltz, Weinheim und Basel.

Welter-Enderlin, Rosmarie (2006): Resilienz aus der Sicht von Beratung und Therapie. In: Welter-Enderlin Rosmarie, Hildenbrand Bruno (Hrsg): Resilienz – Gedeihen trotz widriger Umstände. Carl Auer, Heidelberg.

Wendt, Claus (2012): Gesundheit und Gesundheitssystem. in: Mau, S./Schöneck, N.M. (Hrsg.) (2012): Handwörterbuch zur Gesellschaft Deutschlands. VS-Verlag, Frankfurt.

Wustmann, Cornelia (2004): Resilienz. Widerstandsfähigkeit von Kindern in Tageseinrichtungen fördern. Beltz, Weinheim und Basel.

Zeyringer, Jörg (2003): Der Treppenläufer. Wie man sich und andere motiviert. Orell Füssli, Zürich.

Zeyringer, Jörg (2006): Die 11 Gesetze der Motivation im Spitzensport. Orell Füssli , Zürich.

Zeyringer, Jörg (2010): Balance als Führungsstrategie. Werkzeuge für ein gutes Management. Haufe, München.

Zeyringer, Jörg (2014): Wie Geld wirkt. Faszination Geld – Wie es uns motiviert und antreibt. Business village, Göttingen.

Onlineverzeichnis

Online abgerufen am 27.10.2014: http://www.neuroleadership-online.de/organisation.html

Online abgerufen am 27.10.2014: https://www.zsi.at/attach/Diversity_Teil1_Theorie.pdf Stuber Michael, Seite 20

Online abgerufen am 28.10.2014: http://www.zukunftvielfalt.at/vorteile/

Online abgerufen am 28.10.2014: www.diversity-consulting.de/daten_analysen Ungleich Besser Diversity Consulting unter Verwendung von Daten des Statistischen Bundesamtes - Hochschul-Statistik

Online abgerufen am 3.11.2014: http://www.yvonnekuettel.ch

Online abgerufen am 3.11.2014: http://www.ccl.org „Sleep well!"

Online abgerufen am 3.11.2014: http://www.ccl.org „Wake up"

Online abgerufen am 4.11. 2014: http://www.statistik.at/web_de/statistiken/bildung_und_kultur/formales_bildungswesen/universitaeten_studium/index.html

Online abgerufen am 4.11.2014: http://www.statistik.at/web_de/statistiken/bevoelkerung/bevoelkerungsstruktur/bevoelkerung_nach_migrationshintergrund

Online abgerufen am 7.11.2014: http://www.statistik.at/web_de/statistiken/bildung_und_kultur/formales_bildungswesen/universitaeten_studium/index.html

Internetadressen

Fragebogen Siegrist-Waage
www.uniklinik-duesseldorf.de/med-soziologie

Stichwortverzeichnis

ABC-Situationen 98
Achtsamkeit 128, 130
Achtsamkeitsübungen 224
Adaption 143
Aktivitätsziel 28
Akzeptanz 128, 132, 156, 192
Anerkennung 148, 180, 186
Anerkennungsgespräch 186
Anforderungs-Kontroll-Modell 212
Anpassungsfähigkeit 143
Anpassungsleistung 134
Anspannung 74, 146
Anstrengungsglück 36
Antizipation 184
Arbeit 20
Arbeiten, alternsgerechtes 160
Arbeitgeber, Attraktivität 158
Arbeits- und Zeitmanagement 116
Arbeitsbewältigungsfähigkeit 52, 161
Arbeitsbewältigungsindex 55
Arbeitsbezogene Verhaltens- und Erlebensmuster (AVEM) 144
Arbeitsfähigkeit 154
Arbeitsklima 88, 180
Arbeitslosigkeit 34
Arbeitsmenge 180
Arbeitsplatz 146
Arbeitsverhältnisse, alternsgerechte 154
Arbeitszufriedenheit 30, 50, 154

„Archetypisches Lebenspanorama" 216
Aufmerksamkeit 196
Ausdauer 185
Autonomie 183, 208
Autonomiekrise 190

Beanspruchung 52
Bedürfnisse 92
Belastungen 52
Belohnung 180
Bewegung 80
Bewertungssysteme 90
Beziehungspflege 80
Biegsamkeit 184
Bildwahl 96
Burnout 74, 146
- Stadien 76
- Zyklus 76
Business-Fokus 156
Business-Resilienz 184

Certainty 208
„COAL" 132
Commitment 42

Damásio, Antonio Rosa 90
Dankbarkeit 130
Dauer 66, 68
Delegative Phase 190
Denkfallen 142
Dialog, innerer 138

Direktive Phase 190
Distanz 66
Distanzierungsmöglichkeiten 188
Distanz-Mensch 68
Diversität 156, 184
Diversity & Inclusion 156
Diversity Management 158
Druck 84
Dysbalance 148

Effektivität 38
Effizienz 38
„Effort-Reward"-Stressmodell 148
Eigenständigkeit 40
Eigenverantwortung, Rahmen-
     modell 88
Einfallsreichtum 184
Eingebundensein 42
Einheit durch Vielfalt 156
Einstellung 20, 138
Eisenhower-Methode 116
Elchtest 60
Embodiment 98
Emotionen kontrollieren 224
Emotionen, positive 152
Emotionssteuerung 138
Empathie 140
Engagement 152
Entscheidung/Wahl 138
Entspannung 80
Entwicklung 182
Entwicklungschancen 132
Erfahrungen 90
Erfahrungsspeicher 90

Erfolg 22, 210
Ergänzungsreihe 108
Ergebnisziele 28
Erhaltungsziele 26
Erinnerungshilfen 98
Erschöpfung 74, 76
Erstreaktion, affektive 225
Erwartungen 82
Experimentierfreudigkeit 184, 192

Fähigkeiten, motivierende 172
Fairness 86, 183, 208
Feedback 140, 186
Flourish 152
„Flow" 196
Frankl, Viktor 30
Frauen 158
Freizeitverhalten 206
Führung
- Balance 178
- resiliente 178, 180
Führungsfragen 214
Führungsstärke 179
Führungsverantwortung 88
Führungsverhalten 88
- dominantes 200
- gewissenhaftes 200
- initiatives 200
- passgenaues 202
- stetiges 200
Fürsorge 197

Ganzheitlichkeit 156
Gehirn 90

Glückskleeblatt 37

Gemeinschaftssinn 86
Gerechtigkeit 180
Gesamtabhängigkeitsquotient 154
Gesprächsführung 70
Gesprächsstrategie 70
Gestaltungskraft 134, 194
Gestaltungsmöglichkeiten 180
Gesundheit 20, 146
- am Arbeitsplatz 148
Gesundheitsvorsorge 88
Glück 30, 32
Glück als Glückseligkeit 32
„Good Work" 14
Gottman-Konstante 106
Gratifikationskrise 148
Grundstrebungen 66
Grundvertrauen 128

Haltung 132
- positive 134
Haltungsziel (Mottoziel) 98, 222
Handhabbarkeit 150
Handlungsmuster 138
Handlungssicherheit 214
Handlungswirksamkeit 94
„Haus der Arbeitsfähigkeit" 20

Herzberg, Frederik 211
Hilfssystem, sicherndes 188

„Ideenkorb" 60, 100
Identität 179, 216
Impulskontrolle 138
Impulssteuerung 225

Innovation 158
Innovationsziele 26
Integration 221
Intention 92
IST-Zustand 110

Jahoda, Maria 34

Kohärenz 156
Kohärenzgefühl 150
Kollegialität 180
Komfortzone 118   – Modell
Kommunikation, interpersonelle 82
Kompetenz 20
- emotionale 140
Komplexität 82
Kontrolle 183, 196
Konzentration 224
Kooperation 214
Kooperationsphase 191
Koordinationsphase 190
Kosteneffizienz 158
Krause, Frank 90
Krise 74, 126
- der Begrenztheit 216
Krisenintervention 78
Krisenverlaufsmodelle 192
Kuhl, Julius 94
Kunden 159

Lazarsfeld, Paul 34
Lebensbiografie 172
Lebensführung, ausgewogene 194
Lebenslinie 102

Lebensmitte 219
Lebensplanung, kreative 172
Lebenszufriedenheit 32
Leidensfähigkeit 185
Leistung 22
Leistungsabfall 112
Lernen, lebenslanges 88
„Life Skills" 194
Limbisches System 90
Lob 187
Loslassen 197
Lösungsorientierung 142
Lösungsszenarien 128
- zukunftsorientierte 142
Loyalitätskonflikt 186

„Männliche Reise" 218
Mitarbeiterführung 202
Motiv 92
Motivation 26, 30
Motivationsbilanz 50
Motivationspsychologie, neurobiolo-
    gische 90
Motivatoren 210
Motive 20
Muster von Erleben und Verhalten
    146

Nähe 66
Nähe-Mensch 68
Netzwerkorientierung 128
Neuroplastizität 136
„New Managers Assimilation Pro-
    gramme" 222

Notfallmaßnahmen 78
Notfallsituation 188

Optimismus 128
- realistischer 134
Optimisten 134
Orientierung 22, 183

Pareto-Prinzip 114
Pendelübung 224
Perfektionismus 114
Perma-Modell 152
Persolog®-Verhaltensprofil 198
Pionierphase 190
Positivität 134
Potenzialanalyse 172
Prioritäten 116
Problemlösungsmuster 143

Qualifikation 20
Qualitätsarbeit 206

Redlichkeitsglück 36
Reflexion 84
Reife 216
Reise der Weisheit 217
Reliablity 208
REM-Phasen 82
Resilienz 56, 126, 156, 180, 196
Resilienzcheck 56
Resilienzfaktoren 128
Resilienzförderung 188
Resilienztraining 194
Respekt 86

Ressourcen 52
- soziale 99
Ressourcennutzung 184
Ressourcenpool 98
Riemann-Modell 66
Riemann-Test 64
Robustheit 184
Rubikon 60, 92
Rückzugsräume 206
Rumination 84

Salutogenese 150
„SCARF" 208

Schlafmangel 82
Schock 192
Schweinehund, innerer 118
Selbstbeobachtung 138 ✶
Selbstbewusstheit 138
Selbstdisziplin 138
Selbsteinschätzung 130
Selbstentwicklung 172
Selbsterkenntnis 66
Selbstfürsorge 88
Selbstmanagement 204
Selbstmotivation 90, 108
Selbstreflexion, professionelle 198
Selbstregulation 128, 138
Selbstverwirklichung 40
Selbstwahrnehmung 130
Selbstwert 182
Selbstwirksamkeit 128, 136, 183,
    194
Sicherheit 22

Siegrist-Waage 148
Silvestervorsätze 24
Sinn 16, 30
Sinnhaftigkeit 150, 152, 180
„SMART" 24, 94
SOLL-Zustand 110
„Somatische Marker" 100
Spannkraft, innere 194
Stärken, persönliche 172
Status 182, 208
Storch, Maja 90, 96
Störenfriede 112
Stress 74, 84
- am Arbeitsplatz 86
Stressoren
- berufliche 74
- zwischenmenschliche 74
Stress-Polster 80
Stressresistenz 188

Tagliamento-Modell 28
Tandem-Coaching 214
Team 222
Transparenz 180
Trauerarbeit 192

Umstände, motivierende 172
Unterbrechung 112
Unterstützungsmaßnahmen, passge-
    naue 192
Unzufriedenheitsvermeider 210

„Value-integrated Leadership"-
    Modell 178

✶ Selbstentwicklungskreislauf

Veränderung 110
Veränderungs- oder Verbesserungs-
    ziele 26   *Zielpyramide*
Verantwortung der Führung 88
Verbundenheit 182, 188
Verhaltenstendenzen 66
- idealtypische 68
Verleugnung 192
Verstehbarkeit 150
Vertrauenskrise 190
Vorbereitung, präaktionale 92

Wachstum 182
Wachstumskrise 190
Wachstumsphasen 190
Wahrnehmung 138
Wandel 66
Wandel-Mensch 68
„Weibliche Reise" 221
Weisheitstraditionen 216
Wenn-dann-Pläne 99
Werte 20, 30, 172
Wertequadrat 40
Whitehall-Studie 148
Widerstand 118

Widerstandsfähigkeit 126
Widerstandsressourcen 150
Wirkmächtigkeit 184
Wissen 20
Wohlfühlglück 36
Work Ability Index 55

Zähigkeit 185
Zeitfresser 112
Zeitkonto 204
Ziele 22, 30
- Grunddimensionen 28
- strategische 172
Zielentwicklung 60
Zufallsglück 36
Zufriedenheit 30
Zugehörigkeit 182
Zürcher Ressourcen Modell (ZRM)®
    90, 222
- Trainingsablauf 174
Zustandsbewertung wichtiger Le-
    bensbereiche 62
Zuwanderung 159
Zweifaktoren-Modell 210